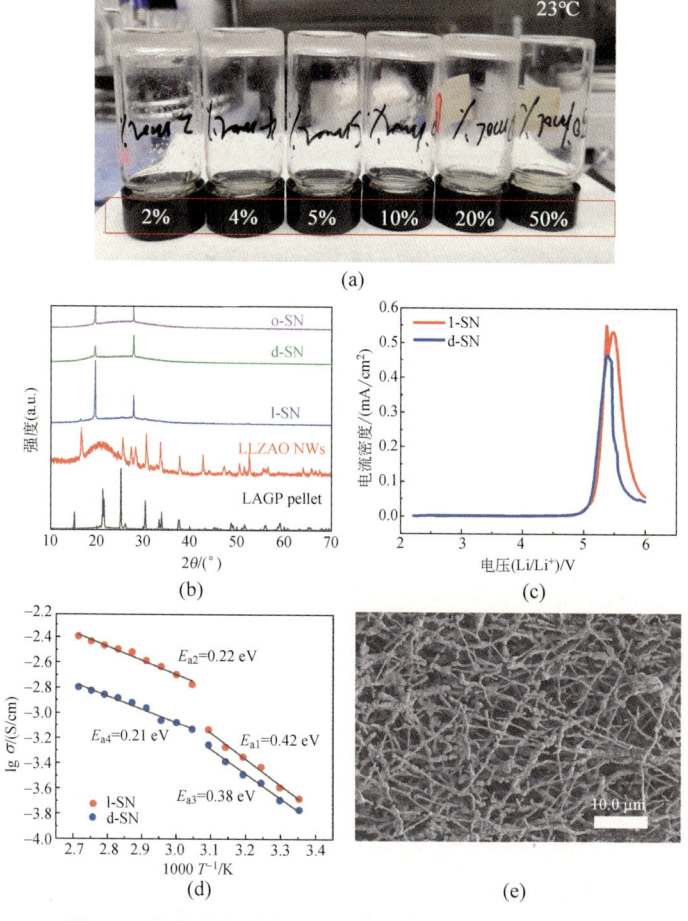

图 3-2 塑晶电解质和 LAGP 固态电解质材料性能表征

(a) 在室温下添加 10%(以体积计)FEC 的 SN 体系在不同摩尔分数锂盐掺杂下的光学图像；(b) 不同电解质材料的 XRD 图像；(c) 掺杂塑晶电解质材料的电化学窗口；(d) 25～95℃下不同电解质体系锂离子电导率随温度的变化,实线为阿伦尼乌斯拟合结果；(e) LLZAO 纳米线的 FE-SEM 形貌

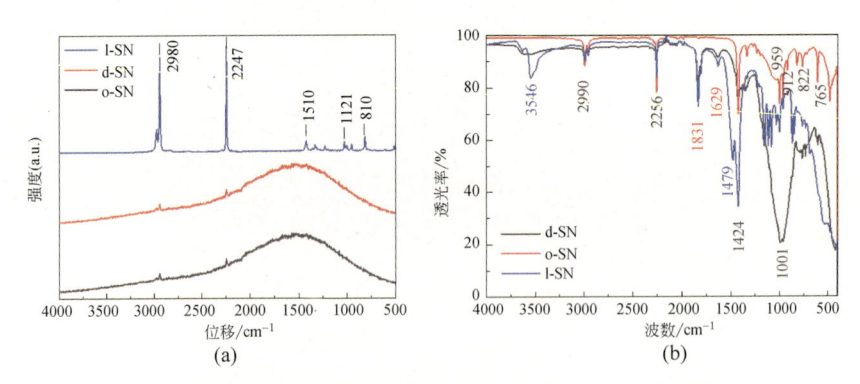

图 3-3　不同塑晶电解质材料体系的拉曼光谱(a)和红外光谱(b)

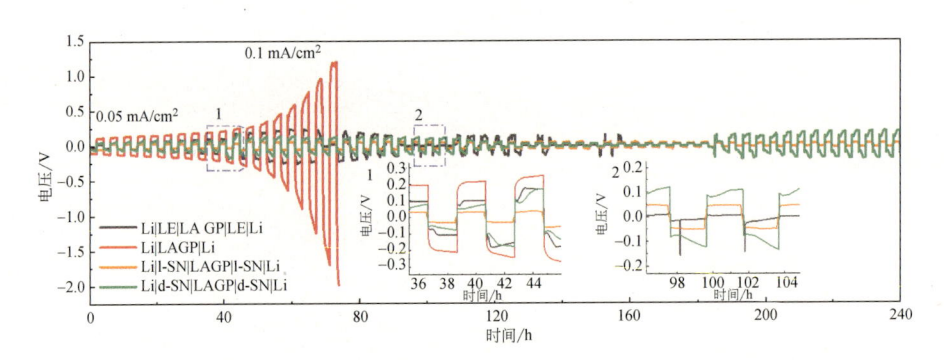

图 3-6　对称电池在室温时，$0.1\ \text{mA/cm}^2$、$0.1\ \text{mA}\cdot\text{h/cm}^2$ 测试条件下锂离子的电镀/剥离曲线

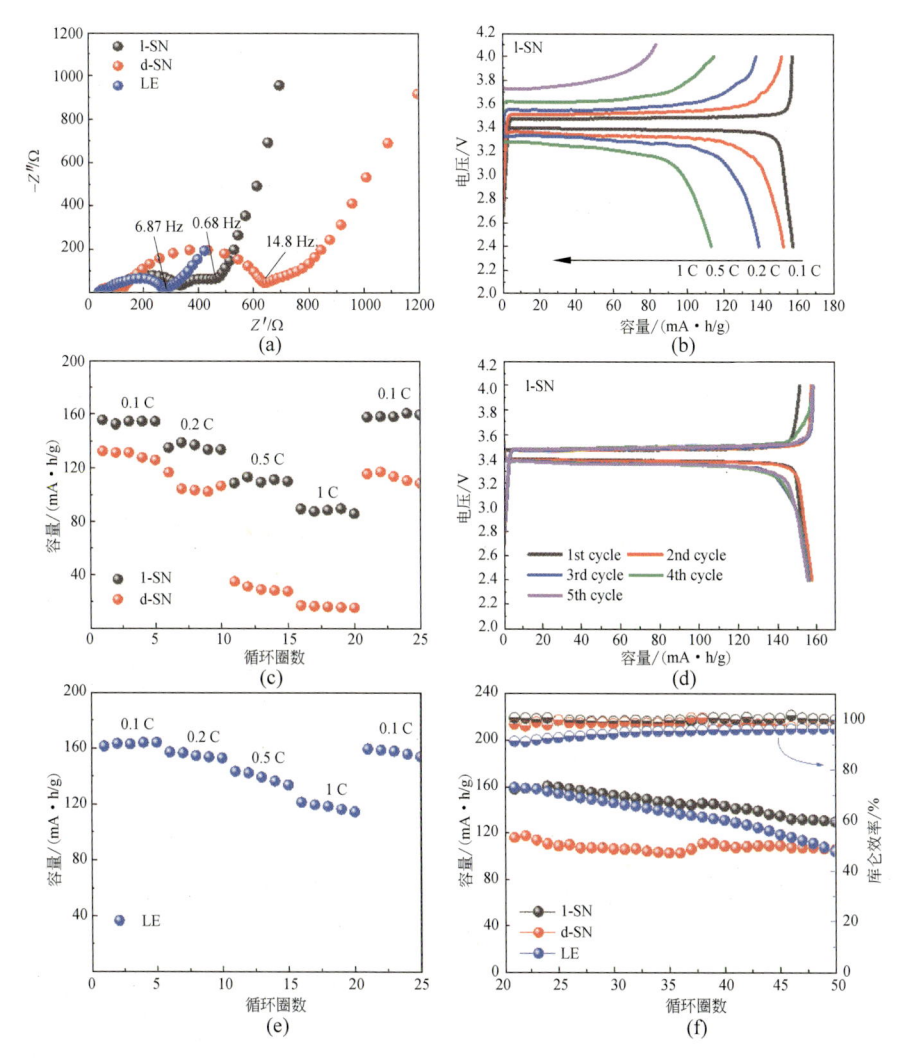

图 3-9　固态电池在室温下的电化学性能

(a) Li|l-SN|LAGP|l-SN|LFP 半电池的 EIS 结果；(b) 在不同电流密度下的充放电曲线；
(c) 倍率性能；(d) 前 5 圈充放电曲线；(e) Li|LE|LAGP|LE|LFP 半电池的倍率性能；
(f) 不同半电池的循环性能

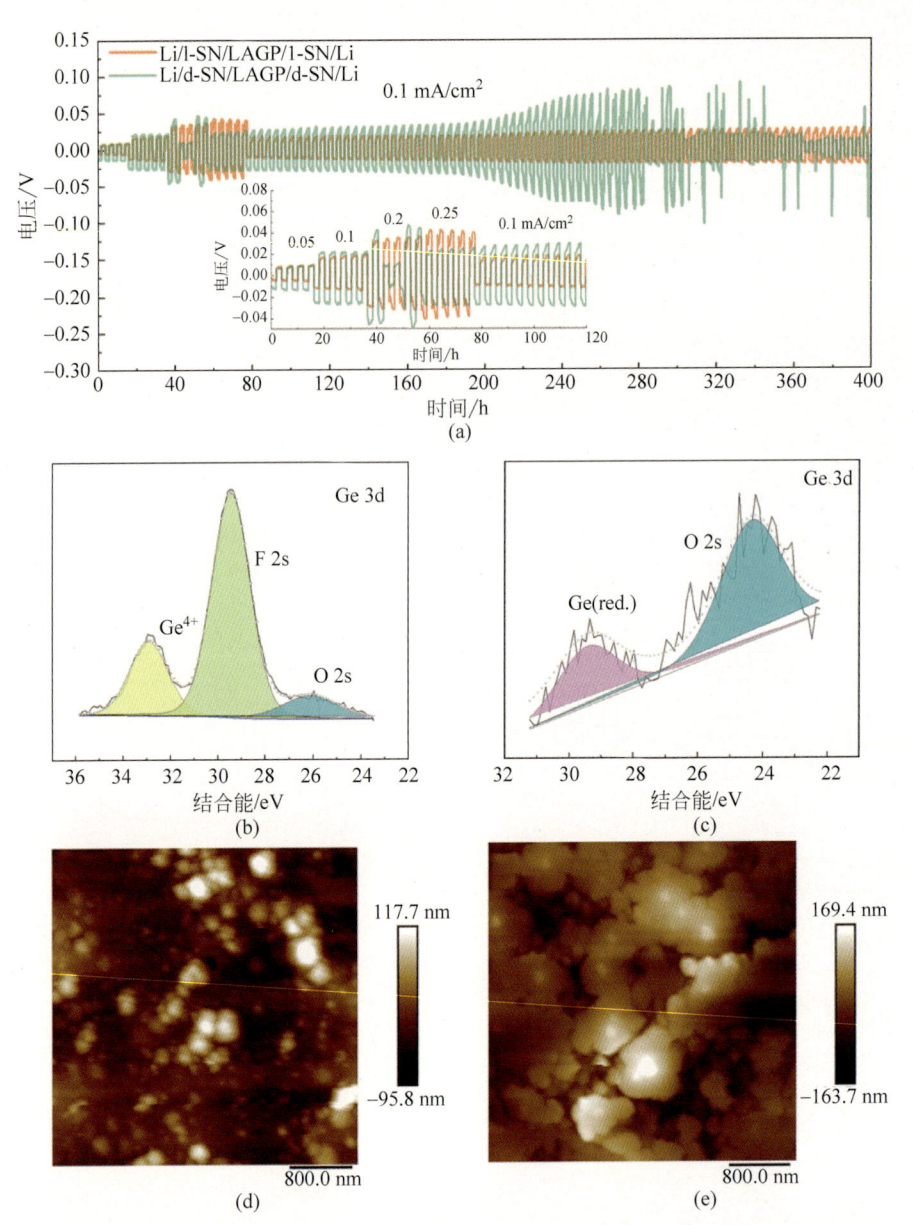

图 3-10 Li|l-SN|LAGP|l-SN|Li 和 Li|d-SN|LAGP|d-SN|Li 对称电池在 40℃ 条件下的循环性能(a)、Li|l-SN|LAGP|l-SN|Li(b)、Li|d-SN|LAGP|d-SN|Li 循环后 LAGP 陶瓷表面的 XPS 分析(c)、Li|l-SN|LAGP|l-SN|Li(d) 和 Li|d-SN|LAGP|d-SN|Li 在 40℃ 下循环 400 圈后锂金属表面 AFM 形貌分析(e)

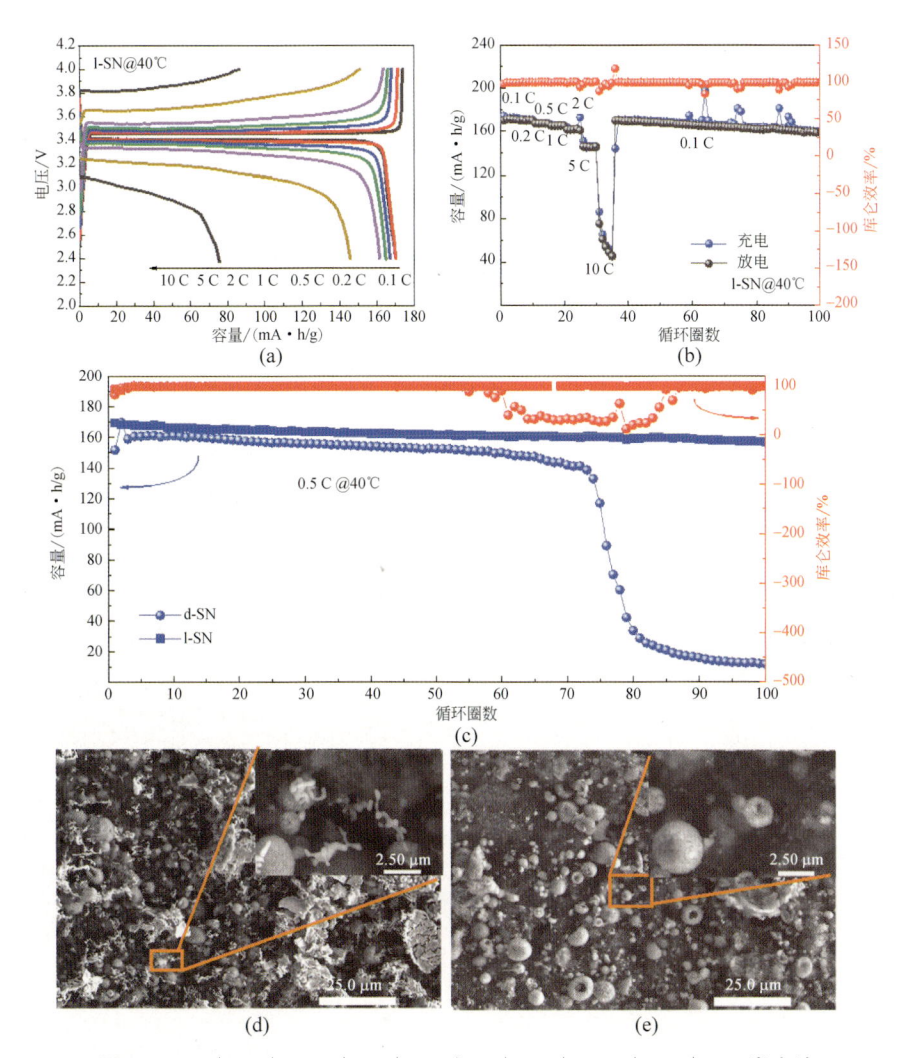

图 3-12 Li|l-SN|LAGP|l-SN|LFP 与 Li|d-SN|LAGP|d-SN|LFP 半电池在 40℃下电化学性能对比

(a) 不同电流密度下的充放电曲线；(b) Li|l-SN|LAGP|l-SN|Li 半电池的倍率性能；(c) 0.5 C 电流密度下的循环性能对比；(d) Li|l-SN|LAGP|l-SN|LFP 循环 100 圈后的正极形貌；(e) Li|d-SN|LAGP|d-SN|LFP 循环 100 圈后的正极形貌

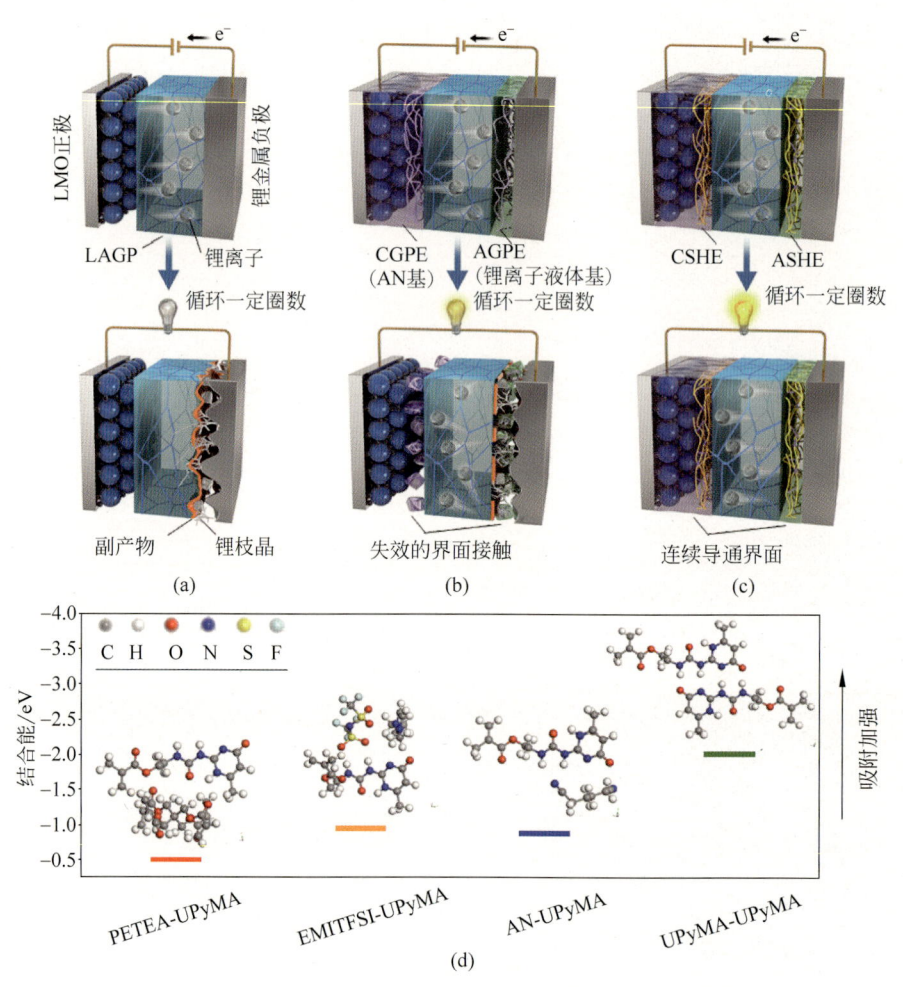

图 4-4 Li│LAGP│LMO 电池在不同界面优化情况下的界面特征示意图
(a) 无界面修饰层;(b) GPE 修饰层;(c) SHE 界面修饰层;(d) 基于第一性计算原理 UPyMA 自愈合单体与 PETEA、EMITFSI⁻、AN 和 UPyMA 之间结合能的计算结果

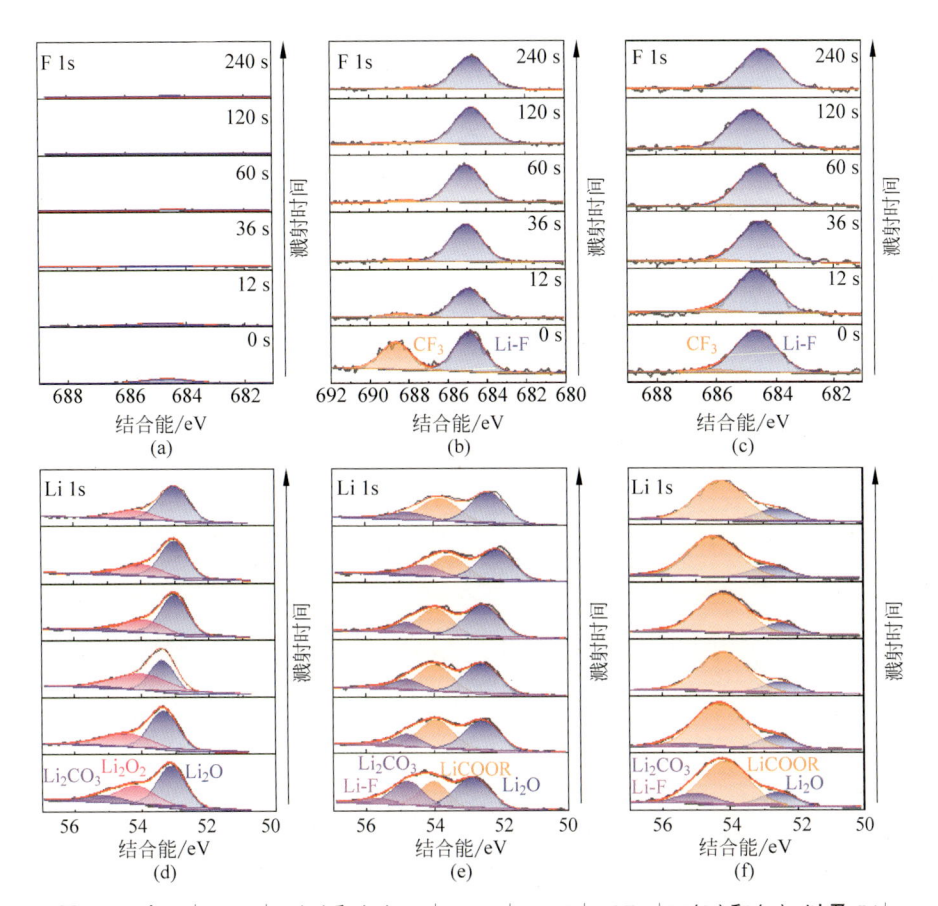

图 4-8 由 Li|LAGP|Li(a) 和 (d)、Li|AGPE|LAGP|AGPE|Li(b) 和 (e)，以及 Li|ASHE|LAGP|ASHE|Li(c) 和 (f) 电池循环 10 圈后获得的锂金属负极表面 F 1s(a)~(c) 和 Li 1s(d)~(f) 的 XPS 深度剖析

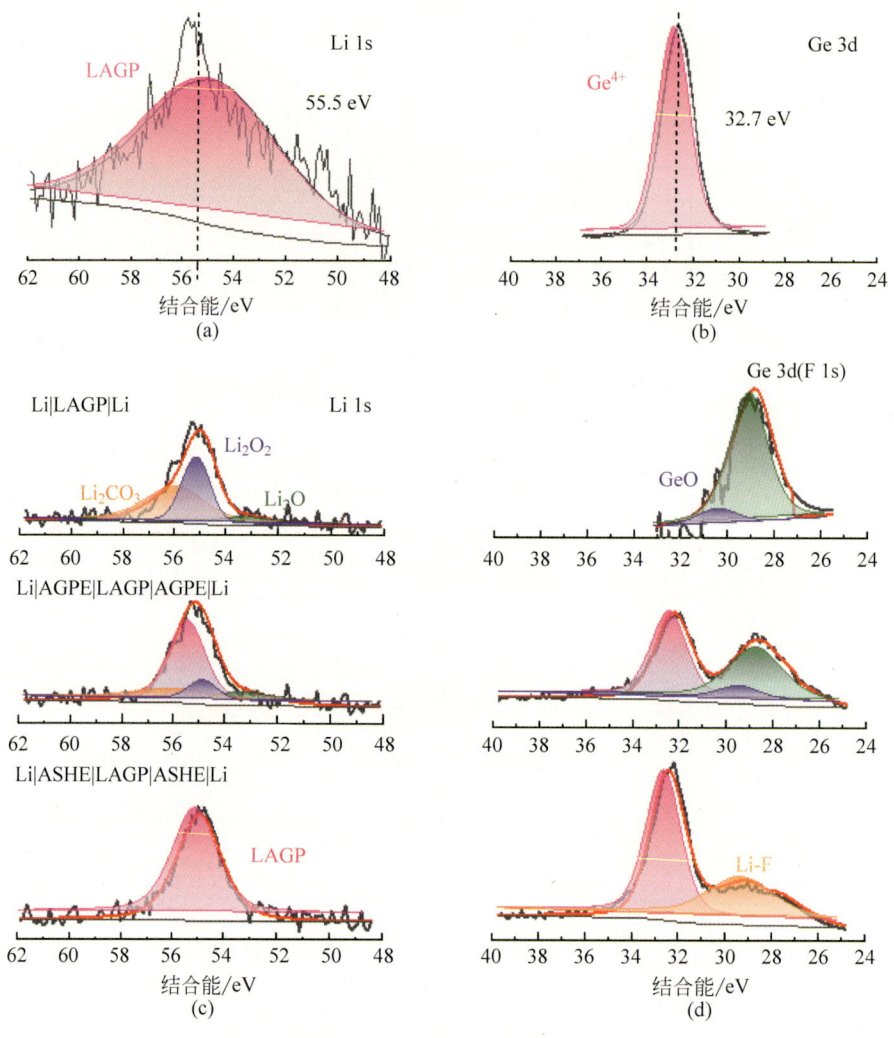

图 4-9 原始 LAGP 固态电解质和在不同界面优化条件下循环 10 圈后 LAGP 的 Li 1s 谱(a)和(c)以及 Ge 3d 谱(b)和(d)的 XPS 分析

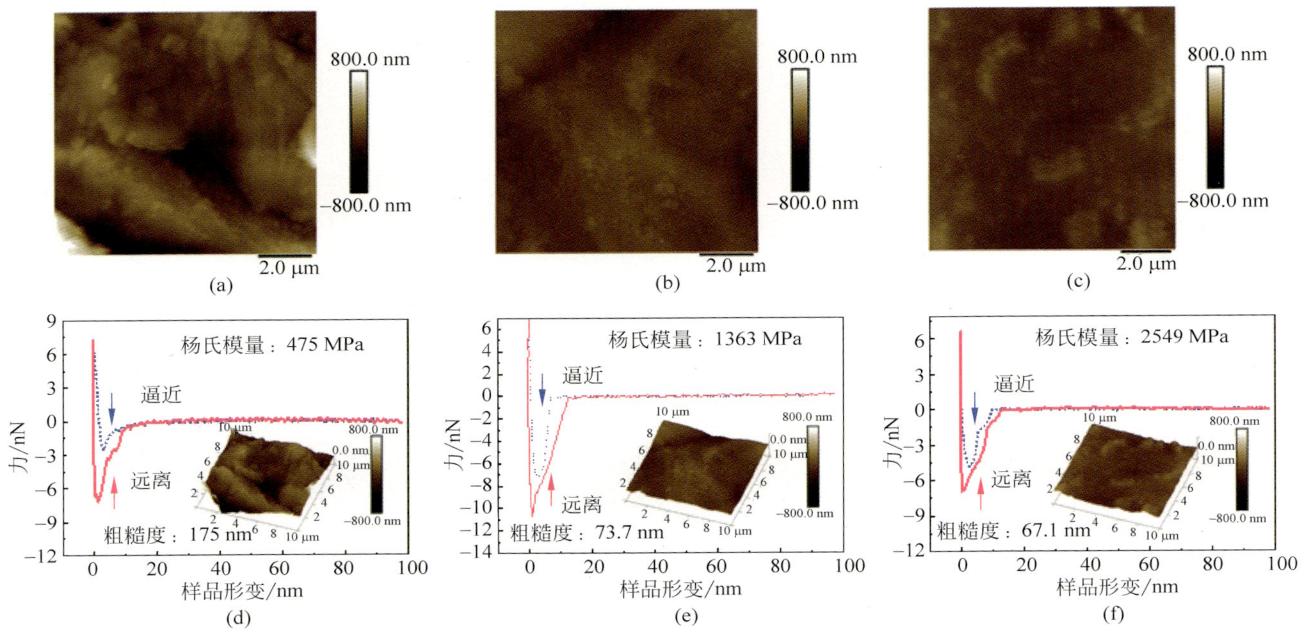

图 4-10　由 Li|LAGP|Li(a)、Li|AGPE|LAGP|AGPE|Li(b)，以及 Li|ASHE|LAGP|ASHE|Li(c) 电池循环 10 圈后锂金属负极表面 SEI 的二维 AFM 形貌；由 Li|LAGP|Li(d)、Li|AGPE|LAGP|AGPE|Li(e) 电池，以及 Li|ASHE|LAGP|ASHE|Li(f) 电池循环 10 圈后锂金属负极表面 SEI 的力学曲线及三维 AFM 形貌

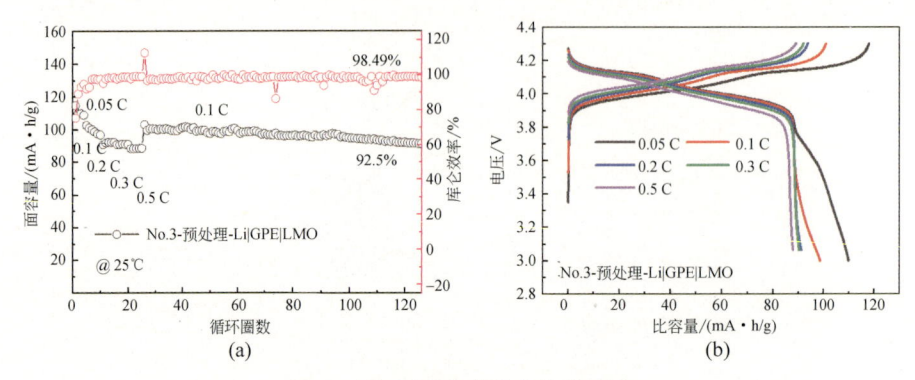

图 5-9　锰酸锂全电池电化学性能

（a）室温下 Poly-DOL 基 Li‖LMO 全电池在不同电流密度下的循环性能；（b）对应的充放电曲线

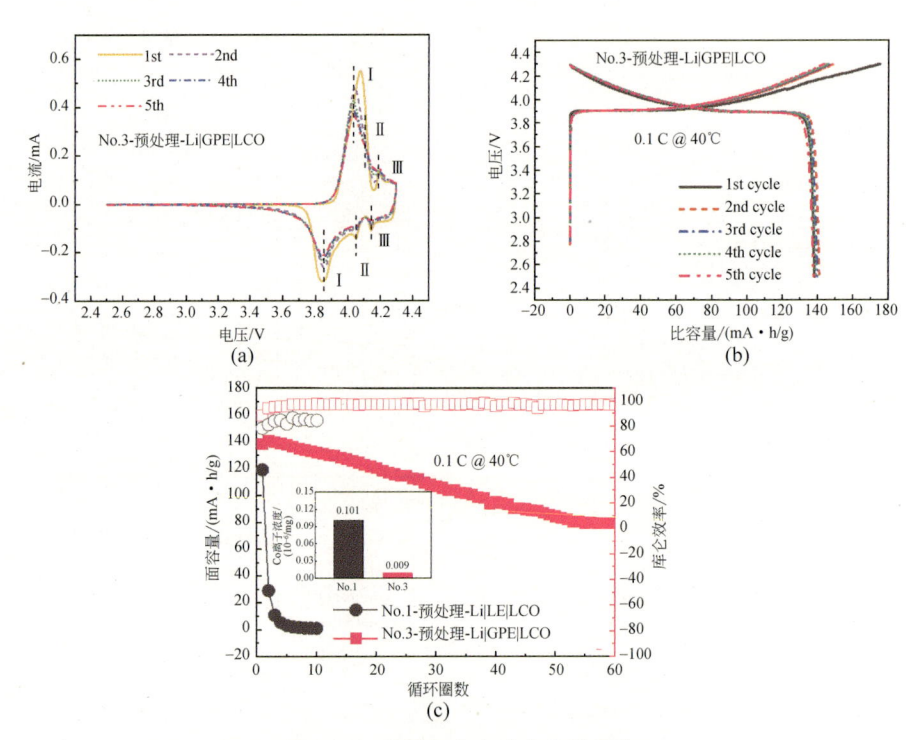

图 5-10　钴酸锂全电池电化学性能

（a）预处理-Li|Poly-DOL 基 GPE|LCO 全电池在 0.01 mV/s 扫描速率下的 CV 曲线；（b）预处理-Li|Poly-DOL 基 GPE|LCO 全电池在 40℃条件下，在 2.5~4.3 V 电压范围内、0.1 C 电流密度下前 5 个循环的充放电曲线；（c）预处理 Li|Poly-DOL 基 GPE|LCO 和预处理 Li|LE|LCO 全电池在 40℃下的循环性能，插图分别表示 LE（黑色）和 Poly-DOL 基 GPE（红色）的 ICP-MS 测试结果

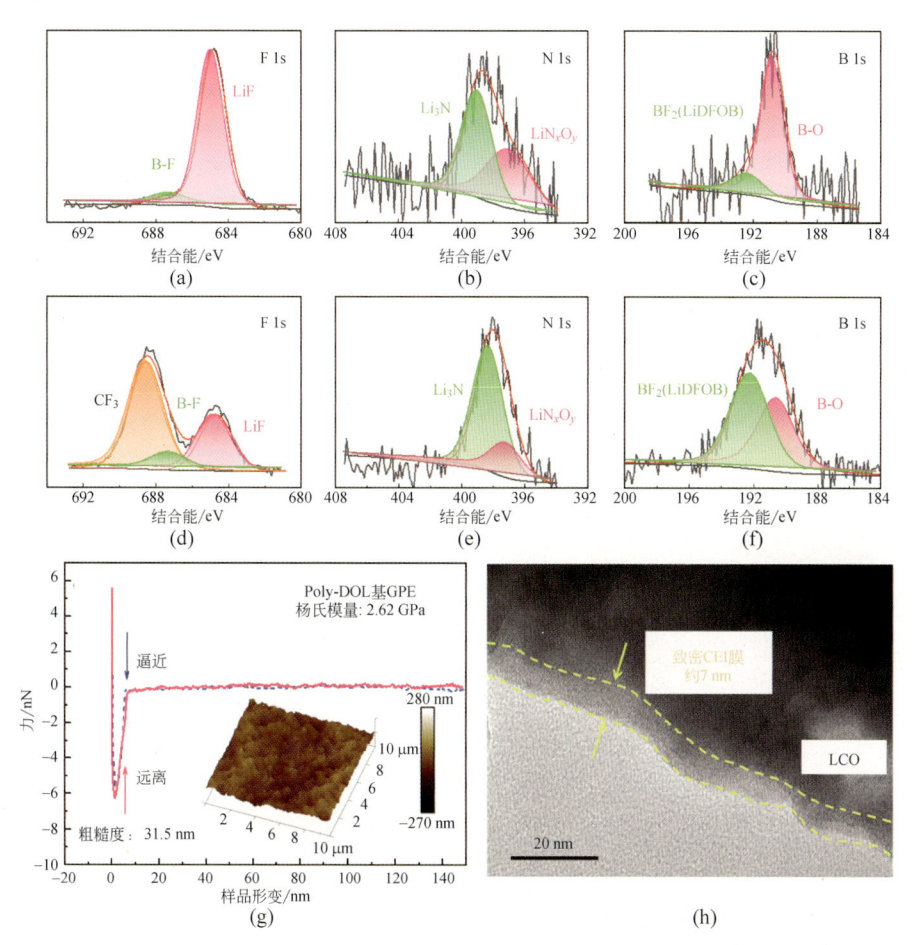

图 5-11 在 40℃下循环 2 圈后,预处理-Li│Poly-DOL 基 GPE│LCO 全电池中负极表面 SEI 膜(a)~(c)、正极表面 CEI 膜(d)~(f)的 XPS 分析

(a)、(d) F 1s 光谱;(b)、(e) N 1s 光谱;(c)和(f) B 1s 光谱;(g)锂金属表面 SEI 膜力-位移图,插图表示相应的 3D AFM 扫描图像;(h)在 LCO 正极表面 CEI 膜的 TEM 图像

图 6-3　MD 模拟计算结果

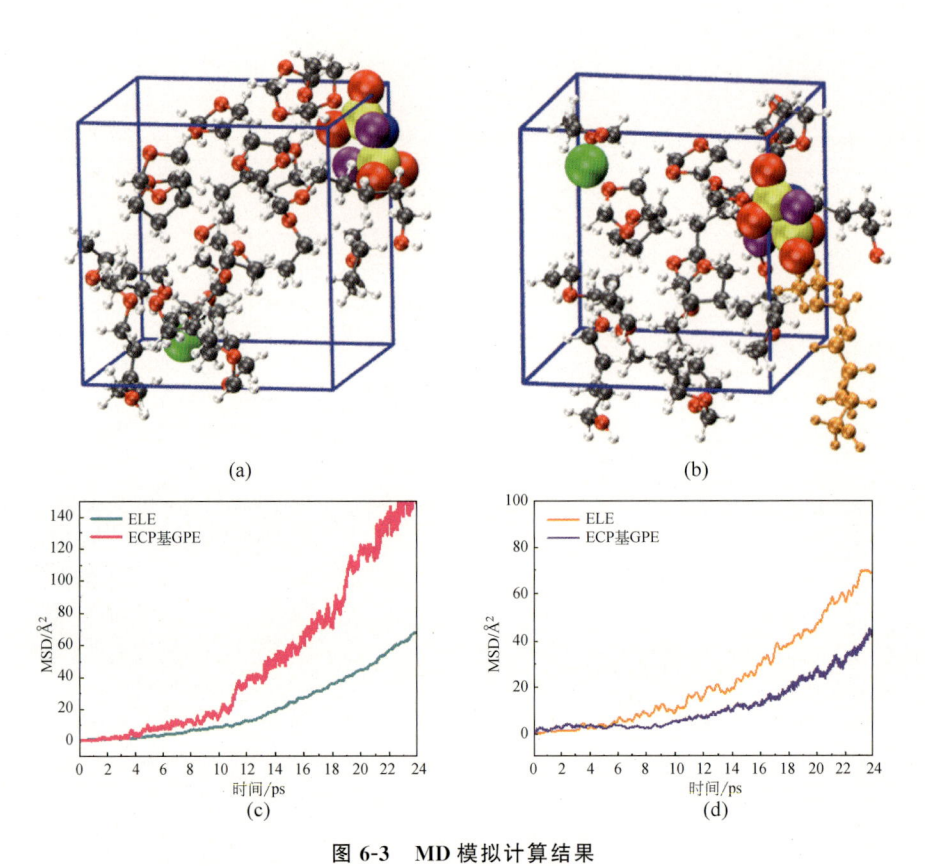

(a) ELE 体系中经典的溶剂化结构示意图；(b) ECP 基 GPE 中溶剂化结构示意图；(c) 所研究电解质体系中锂离子随模拟时间的均方位移；(d) 所研究电解质体系中阴离子随模拟时间的均方位移

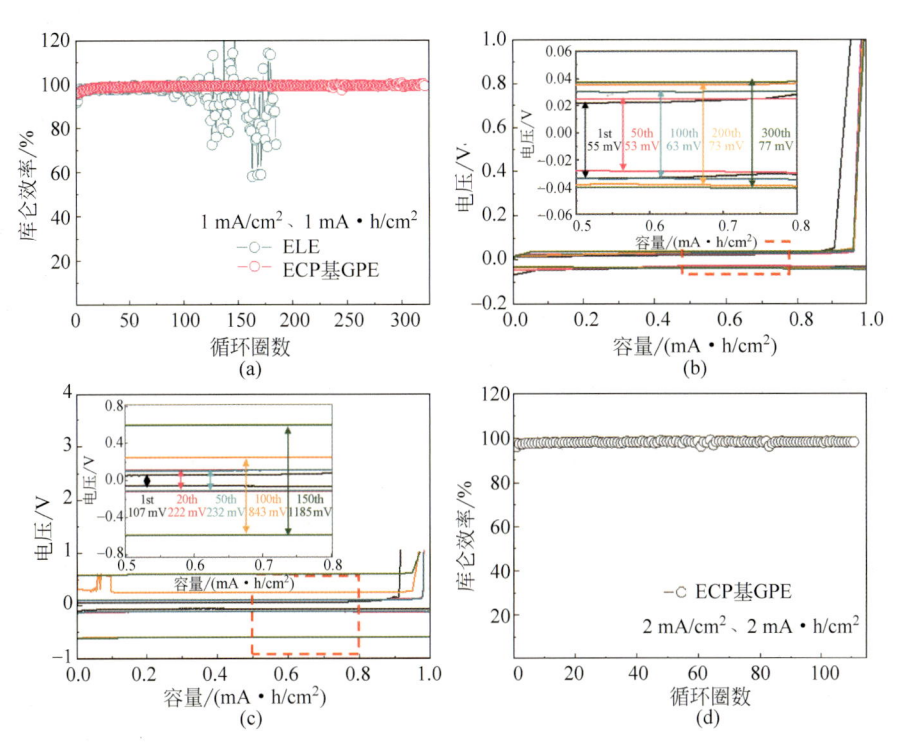

图 6-5　ECP 基 GPE 中锂离子沉积行为研究

（a）Li‖Cu 半电池在 1 mA/cm^2、1 mA·h/cm^2 测试条件下的库仑效率；（b）ECP 基 GPE 体系下对应的充放电曲线；（c）ELE 体系下对应的充放电曲线；（d）Li‖Cu 半电池在 2 mA/cm^2、2 mA·h/cm^2 测试条件下的库仑效率

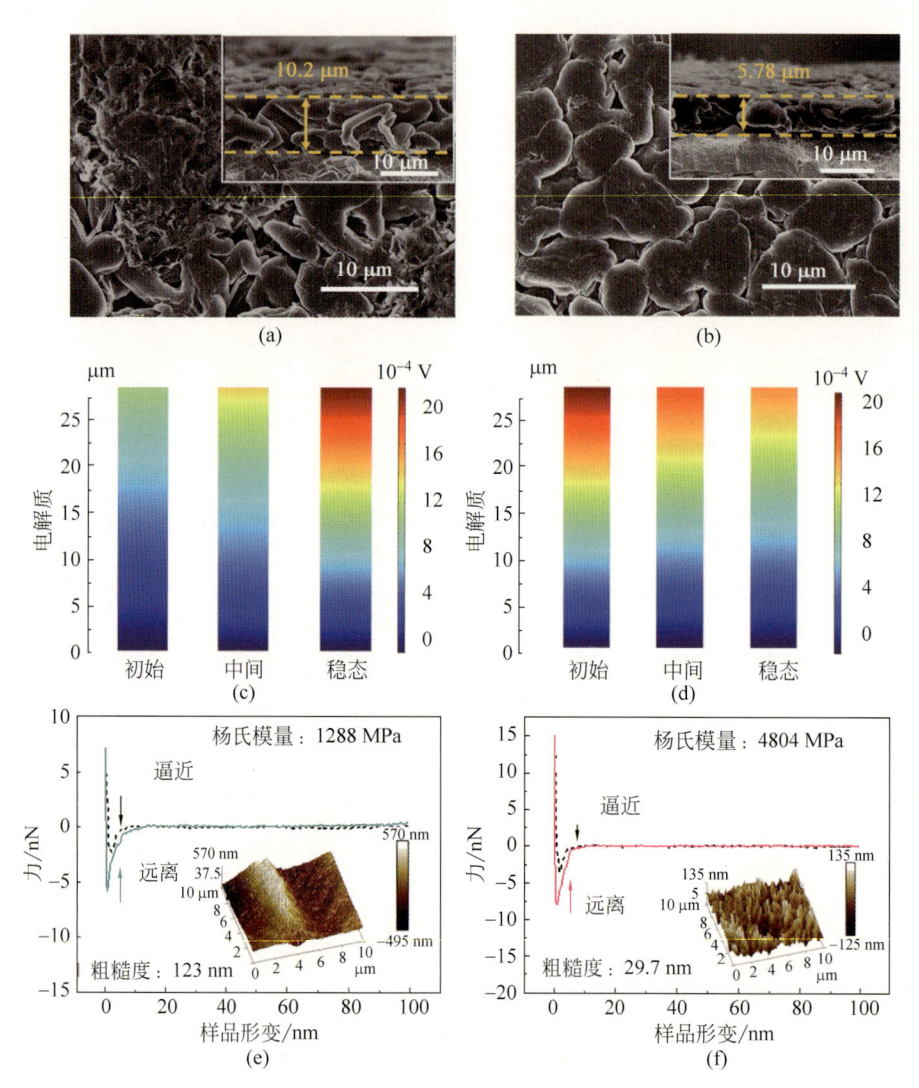

图 6-7　Li‖Cu 半电池中 1 mA/cm² 电流密度下铜集流体表面沉积 1 mA·h/cm² 锂的沉积形貌，ELE 体系(a)和 ECP 基 GPE 体系(b)，其中插图为断口形貌；在 1 mA/cm² 电流密度下循环过程中锂金属负极与电解质界面电场模拟，ELE 体系(c)和 ECP 基 GPE 体系(d)，其中厚度为电解质到锂金属负极表面的距离；SEI 膜在 AFM 测试中的力-位移曲线，ELE 体系(e)和 ECP 基 GPE 体系(f)，其中插图为 SEI 膜三维 AFM 形貌图

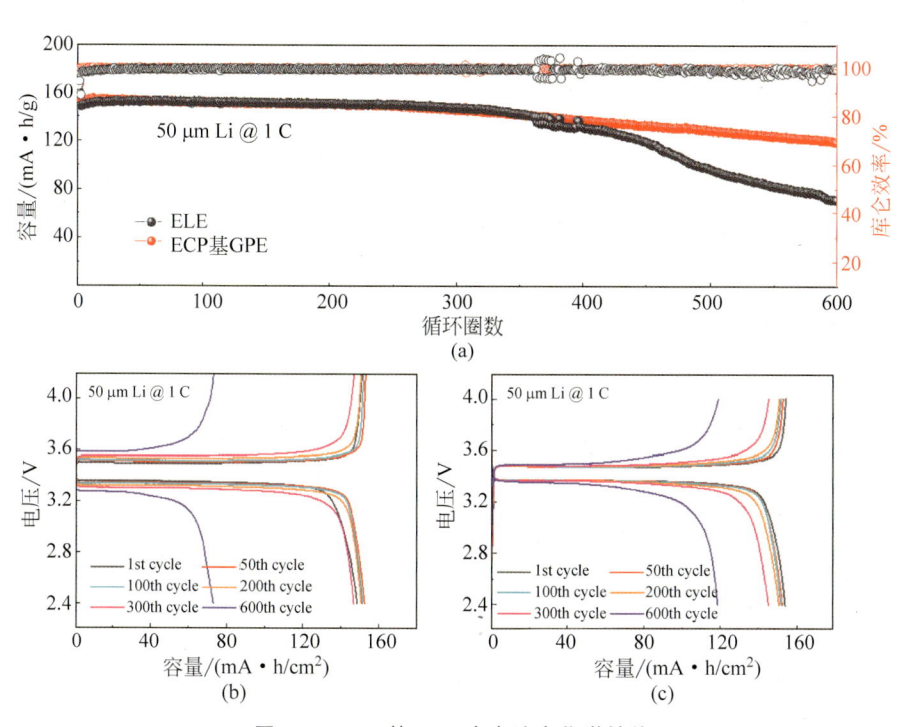

图 6-8　ECP 基 GPE 全电池电化学性能

(a) Li|ECP 基 GPE|LFP 全电池在 1 C 电流密度下的循环性能；(b) ELE 体系全电池在 1 C 电流密度下不同循环后对应的充放电曲线；(c) GPE 体系全电池在 1 C 电流密度下不同循环后对应的充放电曲线

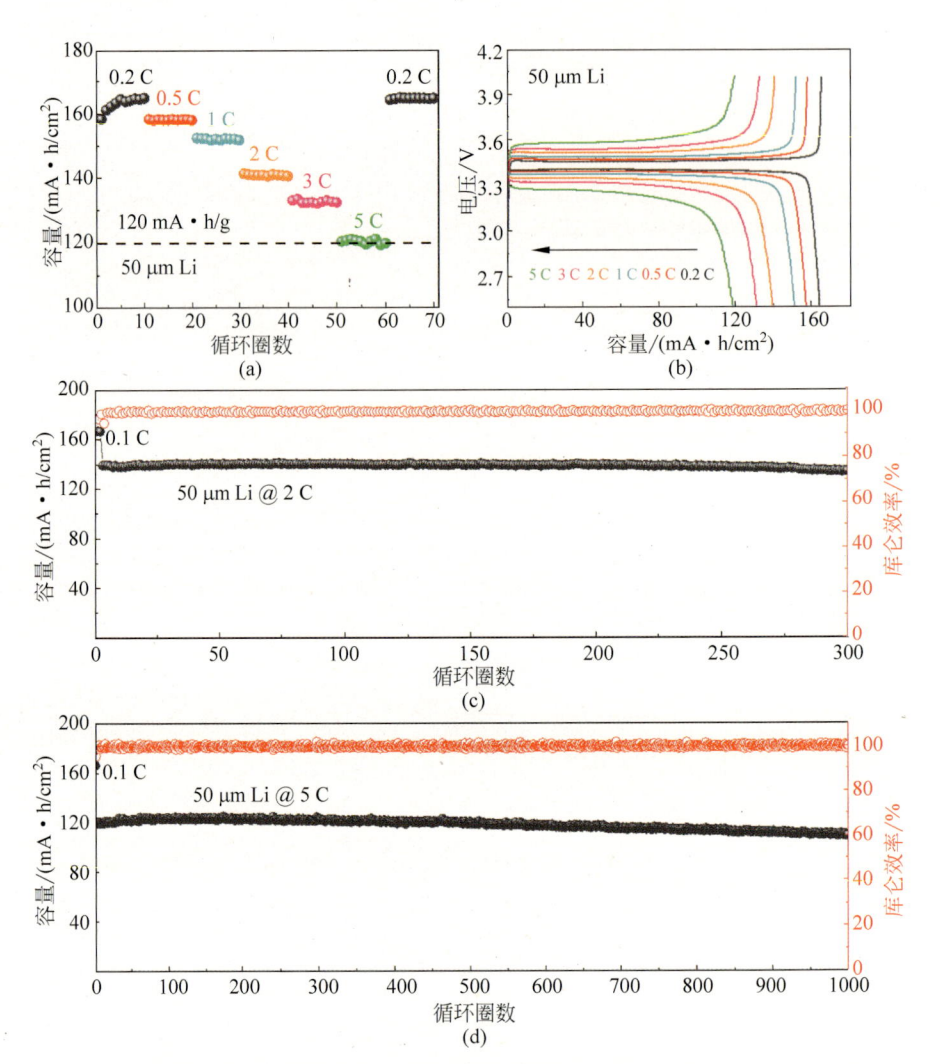

图 6-9 Li|ECP 基 GPE|LFP 全电池在不同电流密度下的倍率性能(a)和对应的充放电曲线(b); Li|ECP 基 GPE|LFP 全电池在 2 C(c)和 5 C(d)电流密度下的循环性能

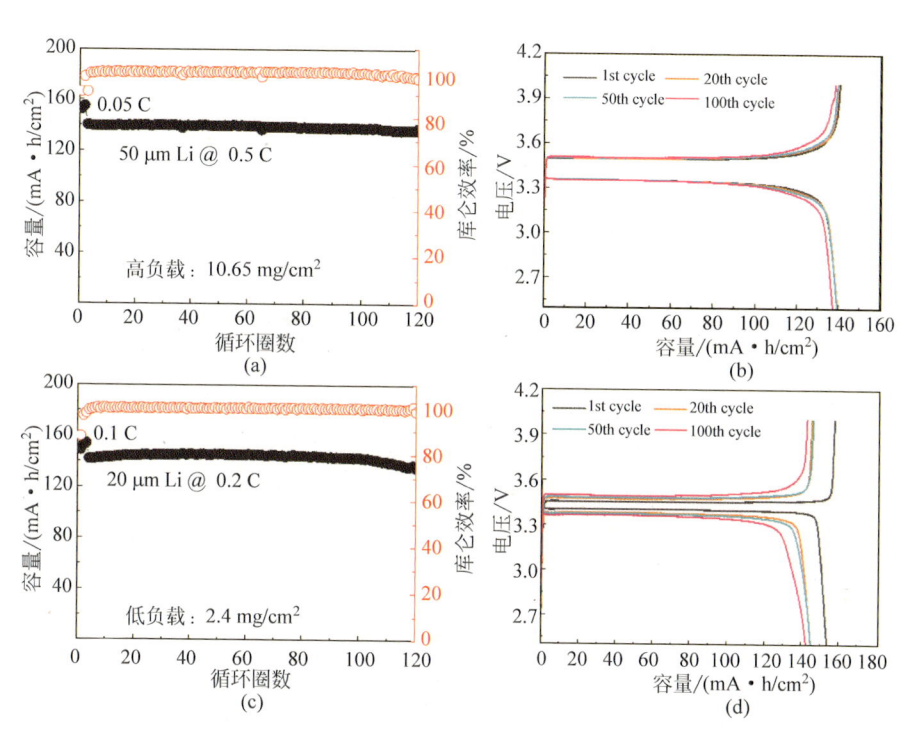

图 6-10　Li|ECP 基 GPE|LFP 全电池匹配高负载正极材料在 0.05 C 电流密度下的循环性(a)和对应不同循环圈数后的充放电曲线(b); Li|ECP 基 GPE|LFP 全电池匹配限量锂负极(4 mA·h/cm²)在 0.05 C 电流密度下的循环性能(c)及对应不同循环圈数后的充放电曲线(d)

清华大学优秀博士学位论文丛书

用于锂金属电池的固态电解质结构设计与性能研究

刘琦（Liu Qi）著

Research on Structural Design
and Performance Optimization of
Solid-State Electrolytes for Lithium Metal Batteries

清华大学出版社
北京

内容简介

本书系统研究了电极与电解质界面上的离子运输,并深入解析了材料界面和结构演变规律,通过对固态电解质进行结构和功能化设计,有效地优化了电极与电解质的界面问题,提高了电池的安全性。

本书主要面向从事固态电池等电化学能量存储和转换器件研究的在读研究生、科研工作者、产业界相关人士,有助于增强其对基于原位策略调控固态电解质与电极材料界面的理解,为其研制固态电池电解质材料提供助益,推动当前固态锂金属电池主要技术瓶颈的突破,有利于促进其大规模产业化应用。

版权所有,侵权必究。举报: 010-62782989, beiqinquan@tup.tsinghua.edu.cn。

图书在版编目(CIP)数据

用于锂金属电池的固态电解质结构设计与性能研究 / 刘琦著. -- 北京: 清华大学出版社, 2025.6. -- (清华大学优秀博士学位论文丛书). -- ISBN 978-7-302-69272-0

Ⅰ. TM911.3

中国国家版本馆 CIP 数据核字第 20257TY240 号

责任编辑:李双双
封面设计:傅瑞学
责任校对:王淑云
责任印制:刘 菲

出版发行:清华大学出版社
    网 址: https://www.tup.com.cn, https://www.wqxuetang.com
    地 址: 北京清华大学学研大厦 A 座 邮 编: 100084
    社 总 机: 010-83470000 邮 购: 010-62786544
    投稿与读者服务: 010-62776969, c-service@tup.tsinghua.edu.cn
    质量反馈: 010-62772015, zhiliang@tup.tsinghua.edu.cn
印 装 者: 三河市东方印刷有限公司
经 销: 全国新华书店
开 本: 155mm×235mm 印 张: 8.5 插 页: 9 字 数: 159 千字
版 次: 2025 年 6 月第 1 版 印 次: 2025 年 6 月第 1 次印刷
定 价: 69.00 元

产品编号: 096738-01

一流博士生教育
体现一流大学人才培养的高度(代丛书序)[①]

人才培养是大学的根本任务。只有培养出一流人才的高校,才能够成为世界一流大学。本科教育是培养一流人才最重要的基础,是一流大学的底色,体现了学校的传统和特色。博士生教育是学历教育的最高层次,体现出一所大学人才培养的高度,代表着一个国家的人才培养水平。清华大学正在全面推进综合改革,深化教育教学改革,探索建立完善的博士生选拔培养机制,不断提升博士生培养质量。

学术精神的培养是博士生教育的根本

学术精神是大学精神的重要组成部分,是学者与学术群体在学术活动中坚守的价值准则。大学对学术精神的追求,反映了一所大学对学术的重视、对真理的热爱和对功利性目标的摒弃。博士生教育要培养有志于追求学术的人,其根本在于学术精神的培养。

无论古今中外,博士这一称号都和学问、学术紧密联系在一起,和知识探索密切相关。我国的博士一词起源于2000多年前的战国时期,是一种学官名。博士任职者负责保管文献档案、编撰著述,须知识渊博并负有传授学问的职责。东汉学者应劭在《汉官仪》中写道:"博者,通博古今;士者,辩于然否。"后来,人们逐渐把精通某种职业的专门人才称为博士。博士作为一种学位,最早产生于12世纪,最初它是加入教师行会的一种资格证书。19世纪初,德国柏林大学成立,其哲学院取代了以往神学院在大学中的地位,在大学发展的历史上首次产生了由哲学院授予的哲学博士学位,并赋予了哲学博士深层次的教育内涵,即推崇学术自由、创造新知识。哲学博士的设立标志着现代博士生教育的开端,博士则被定义为独立从事学术研究、具备创造新知识能力的人,是学术精神的传承者和光大者。

[①] 本文首发于《光明日报》,2017年12月5日。

博士生学习期间是培养学术精神最重要的阶段。博士生需要接受严谨的学术训练，开展深入的学术研究，并通过发表学术论文、参与学术活动及博士论文答辩等环节，证明自身的学术能力。更重要的是，博士生要培养学术志趣，把对学术的热爱融入生命之中，把捍卫真理作为毕生的追求。博士生更要学会如何面对干扰和诱惑，远离功利，保持安静、从容的心态。学术精神，特别是其中所蕴含的科学理性精神、学术奉献精神，不仅对博士生未来的学术事业至关重要，对博士生一生的发展都大有裨益。

独创性和批判性思维是博士生最重要的素质

博士生需要具备很多素质，包括逻辑推理、言语表达、沟通协作等，但是最重要的素质是独创性和批判性思维。

学术重视传承，但更看重突破和创新。博士生作为学术事业的后备力量，要立志于追求独创性。独创意味着独立和创造，没有独立精神，往往很难产生创造性的成果。1929年6月3日，在清华大学国学院导师王国维逝世二周年之际，国学院师生为纪念这位杰出的学者，募款修造"海宁王静安先生纪念碑"，同为国学院导师的陈寅恪先生撰写了碑铭，其中写道："先生之著述，或有时而不章；先生之学说，或有时而可商；惟此独立之精神，自由之思想，历千万祀，与天壤而同久，共三光而永光。"这是对于一位学者的极高评价。中国著名的史学家、文学家司马迁所讲的"究天人之际，通古今之变，成一家之言"也是强调要在古今贯通中形成自己独立的见解，并努力达到新的高度。博士生应该以"独立之精神、自由之思想"来要求自己，不断创造新的学术成果。

诺贝尔物理学奖获得者杨振宁先生曾在20世纪80年代初对到访纽约州立大学石溪分校的90多名中国学生、学者提出："独创性是科学工作者最重要的素质。"杨先生主张做研究的人一定要有独创的精神、独到的见解和独立研究的能力。在科技如此发达的今天，学术上的独创性变得越来越难，也愈加珍贵和重要。博士生要树立敢为天下先的志向，在独创性上下功夫，勇于挑战最前沿的科学问题。

批判性思维是一种遵循逻辑规则、不断质疑和反省的思维方式，具有批判性思维的人勇于挑战自己，敢于挑战权威。批判性思维的缺乏往往被认为是中国学生特有的弱项，也是我们在博士生培养方面存在的一个普遍问题。2001年，美国卡内基基金会开展了一项"卡内基博士生教育创新计划"，针对博士生教育进行调研，并发布了研究报告。该报告指出：在美国和欧洲,培养学生保持批判而质疑的眼光看待自己、同行和导师的观点同样非常不容易,批判性思维的培养必须成为博士生培养项目的组成部分。

对于博士生而言,批判性思维的养成要从如何面对权威开始。为了鼓励学生质疑学术权威、挑战现有学术范式,培养学生的挑战精神和创新能力,清华大学在2013年发起"巅峰对话",由学生自主邀请各学科领域具有国际影响力的学术大师与清华学生同台对话。该活动迄今已经举办了21期,先后邀请17位诺贝尔奖、3位图灵奖、1位菲尔兹奖获得者参与对话。诺贝尔化学奖得主巴里·夏普莱斯(Barry Sharpless)在2013年11月来清华参加"巅峰对话"时,对于清华学生的质疑精神印象深刻。他在接受媒体采访时谈道:"清华的学生无所畏惧,请原谅我的措辞,但他们真的很有胆量。"这是我听到的对清华学生的最高评价,博士生就应该具备这样的勇气和能力。培养批判性思维更难的一层是要有勇气不断否定自己,有一种不断超越自己的精神。爱因斯坦说:"在真理的认识方面,任何以权威自居的人,必将在上帝的嬉笑中垮台。"这句名言应该成为每一位从事学术研究的博士生的箴言。

提高博士生培养质量有赖于构建全方位的博士生教育体系

一流的博士生教育要有一流的教育理念,需要构建全方位的教育体系,把教育理念落实到博士生培养的各个环节中。

在博士生选拔方面,不能简单按考分录取,而是要侧重评价学术志趣和创新潜力。知识结构固然重要,但学术志趣和创新潜力更关键,考分不能完全反映学生的学术潜质。清华大学在经过多年试点探索的基础上,于2016年开始全面实行博士生招生"申请-审核"制,从原来的按照考试分数招收博士生,转变为按科研创新能力、专业学术潜质招收,并给予院系、学科、导师更大的自主权。《清华大学"申请-审核"制实施办法》明晰了导师和院系在考核、遴选和推荐上的权力和职责,同时确定了规范的流程及监管要求。

在博士生指导教师资格确认方面,不能论资排辈,要更看重教师的学术活力及研究工作的前沿性。博士生教育质量的提升关键在于教师,要让更多、更优秀的教师参与到博士生教育中来。清华大学从2009年开始探索将博士生导师评定权下放到各学位评定分委员会,允许评聘一部分优秀副教授担任博士生导师。近年来,学校在推进教师人事制度改革过程中,明确教研系列助理教授可以独立指导博士生,让富有创造活力的青年教师指导优秀的青年学生,师生相互促进、共同成长。

在促进博士生交流方面，要努力突破学科领域的界限，注重搭建跨学科的平台。跨学科交流是激发博士生学术创造力的重要途径，博士生要努力提升在交叉学科领域开展科研工作的能力。清华大学于2014年创办了"微沙龙"平台，同学们可以通过微信平台随时发布学术话题，寻觅学术伙伴。3年来，博士生参与和发起"微沙龙"12000多场，参与博士生达38000多人次。"微沙龙"促进了不同学科学生之间的思想碰撞，激发了同学们的学术志趣。清华于2002年创办了博士生论坛，论坛由同学自己组织，师生共同参与。博士生论坛持续举办了500期，开展了18000多场学术报告，切实起到了师生互动、教学相长、学科交融、促进交流的作用。学校积极资助博士生到世界一流大学开展交流与合作研究，超过60%的博士生有海外访学经历。清华于2011年设立了发展中国家博士生项目，鼓励学生到发展中国家亲身体验和调研，在全球化背景下研究发展中国家的各类问题。

在博士学位评定方面，权力要进一步下放，学术判断应该由各领域的学者来负责。院系二级学术单位应该在评定博士论文水平上拥有更多的权力，也应担负更多的责任。清华大学从2015年开始把学位论文的评审职责授权给各学位评定分委员会，学位论文质量和学位评审过程主要由各学位分委员会进行把关，校学位委员会负责学位管理整体工作，负责制度建设和争议事项处理。

全面提高人才培养能力是建设世界一流大学的核心。博士生培养质量的提升是大学办学质量提升的重要标志。我们要高度重视、充分发挥博士生教育的战略性、引领性作用，面向世界、勇于进取，树立自信、保持特色，不断推动一流大学的人才培养迈向新的高度。

清华大学校长

2017年12月

丛书序二

以学术型人才培养为主的博士生教育，肩负着培养具有国际竞争力的高层次学术创新人才的重任，是国家发展战略的重要组成部分，是清华大学人才培养的重中之重。

作为首批设立研究生院的高校，清华大学自20世纪80年代初开始，立足国家和社会需要，结合校内实际情况，不断推动博士生教育改革。为了提供适宜博士生成长的学术环境，我校一方面不断地营造浓厚的学术氛围，另一方面大力推动培养模式创新探索。我校从多年前就已开始运行一系列博士生培养专项基金和特色项目，激励博士生潜心学术、锐意创新，拓宽博士生的国际视野，倡导跨学科研究与交流，不断提升博士生培养质量。

博士生是最具创造力的学术研究新生力量，思维活跃，求真求实。他们在导师的指导下进入本领域研究前沿，汲取本领域最新的研究成果，拓宽人类的认知边界，不断取得创新性成果。这套优秀博士学位论文丛书，不仅是我校博士生研究工作前沿成果的体现，也是我校博士生学术精神传承和光大的体现。

这套丛书的每一篇论文均来自学校新近每年评选的校级优秀博士学位论文。为了鼓励创新，激励优秀的博士生脱颖而出，同时激励导师悉心指导，我校评选校级优秀博士学位论文已有20多年。评选出的优秀博士学位论文代表了我校各学科最优秀的博士学位论文的水平。为了传播优秀的博士学位论文成果，更好地推动学术交流与学科建设，促进博士生未来发展和成长，清华大学研究生院与清华大学出版社合作出版这些优秀的博士学位论文。

感谢清华大学出版社，悉心地为每位作者提供专业、细致的写作和出版指导，使这些博士论文以专著方式呈现在读者面前，促进了这些最新的优秀研究成果的快速广泛传播。相信本套丛书的出版可以为国内外各相关领域或交叉领域的在读研究生和科研人员提供有益的参考，为相关学科领域的发展和优秀科研成果的转化起到积极的推动作用。

感谢丛书作者的导师们。这些优秀的博士学位论文，从选题、研究到成文，离不开导师的精心指导。我校优秀的师生导学传统，成就了一项项优秀的研究成果，成就了一大批青年学者，也成就了清华的学术研究。感谢导师们为每篇论文精心撰写序言，帮助读者更好地理解论文。

感谢丛书的作者们。他们优秀的学术成果，连同鲜活的思想、创新的精神、严谨的学风，都为致力于学术研究的后来者树立了榜样。他们本着精益求精的精神，对论文进行了细致的修改完善，使之在具备科学性、前沿性的同时，更具系统性和可读性。

这套丛书涵盖清华众多学科，从论文的选题能够感受到作者们积极参与国家重大战略、社会发展问题、新兴产业创新等的研究热情，能够感受到作者们的国际视野和人文情怀。相信这些年轻作者们勇于承担学术创新重任的社会责任感能够感染和带动越来越多的博士生，将论文书写在祖国的大地上。

祝愿丛书的作者们、读者们和所有从事学术研究的同行们在未来的道路上坚持梦想，百折不挠！在服务国家、奉献社会和造福人类的事业中不断创新，做新时代的引领者。

相信每一位读者在阅读这一本本学术著作的时候，在汲取学术创新成果、享受学术之美的同时，能够将其中所蕴含的科学理性精神和学术奉献精神传播和发扬出去。

清华大学研究生院院长

2018 年 1 月 5 日

导师序言

能源存储技术的革新是推动现代社会向清洁、高效能源转型的关键所在。在众多储能系统中,锂金属电池因其极高的理论能量密度被视为下一代电池技术的重要发展方向。然而,传统的液态电解质体系存在易燃、易泄漏、锂枝晶生长等问题,严重限制了锂金属电池的安全性和循环寿命。特别是在电动汽车、规模储能等对能量密度和安全性要求日益提升的背景下,开发兼具高能量密度、高安全性和长循环寿命的新型锂电池体系,已成为全球能源材料领域科学家共同面临的重大挑战和迫切需求。

相比于液态锂离子二次电池,固态锂金属电池兼具高能量密度、高安全性和宽工作温度范围等优势,在未来电动汽车和智能电网等储能领域有广阔的发展前景。固态电解质因其本征优异的热稳定性、高机械强度及抑制锂枝晶的能力,成为突破当前技术瓶颈的关键材料。然而,电极材料与固态电解质材料之间较差的界面兼容性及较大的界面阻抗,阻碍了固态锂金属电池的应用。因此,实现高比能、长寿命固态锂金属电池的有效途径是构建稳定的电极材料/电解质界面,从而实现高效的界面离子输运过程。

然而,如何构造兼具高离子电导率、低电极/电解质界面阻抗及循环过程中稳定的界面仍是现阶段固态电池发展亟须突破的技术难题。基于原位聚合策略的电解质结构与界面功能化设计是实现稳定界面的有效方法,有望突破当前固态锂金属电池存在的以上技术瓶颈。有鉴于此,研究团队从事高比能固态电芯开发超过 10 年,围绕固态电解质材料设计、界面结构优化、性能提升机理表征研究、固态储能器件组装等方面开展了较为系统的研究,并取得了一些具有重要理论意义和实际应用价值的原创性科研成果。

刘琦博士的学位论文是固态电池界面调控与优化设计的研究前沿代表,也是本课题组在该领域研究工作的典范之作。该论文针对固态电池中电极/电解质界面相容性差等难题,创新地提出了一系列固态电解质结构设计与功能化调控的解决方案。通过系统研究新型固态电解质的构效关系及其与电极材料的界面构筑机制,揭示了界面微观结构演变及其离子运输特性，并建立了"组成-结构-性能"多尺度调控新方法，实现了电极与电解质界面的稳定化设计，获得了高性能高安全锂金属固态电池。该论文提出的系列固态电解质结构与界面优化设计策略具有较好的普适性，对推动长循环寿命固态储能器件的发展具有重要的理论指导意义和实际参考价值。

李宝华

清华大学深圳国际研究生院

2025 年 5 月于深圳

摘 要

高能量密度是锂电池未来发展的主要方向,而安全性是制约其发展的主要瓶颈。固态电解质作为锂电池未来的关键技术,有望解决以上问题,但是其界面兼容性问题是限制固态电池商业化应用的主要技术难题。本书系统研究了电极与电解质界面上的离子运输,并深入解析了材料界面和结构的演变规律,通过对固态电解质进行结构和功能化设计,有效地优化了电极与电解质的界面问题,提高了电池的安全性。

本书首先研究了塑晶复合电解质在 $Li_{1.5}Al_{0.5}Ge_{1.5}(PO_4)_3$(LAGP)基固态电池界面优化中的应用。针对 LAGP 与金属锂的不稳定性,原位构建了 3D 连续导离子网络结构的超导柔软修饰层,实现了稳定且低阻抗的 LAGP 与金属锂界面,显著改善了界面上锂离子的传导行为,并有效地阻止了 LAGP 与锂金属发生副反应,其固态电池在常温和高温下均表现出优异的电化学性能。

其次,本书将自愈合电解质(SHE)引入 LAGP 与电极的界面,利用紫外聚合成功地构建了具备自修复特性、高阻燃性、高界面离子电导的 Janus 界面。其自愈合特性可有效地自发修复由于电极材料体积膨胀在界面产生的裂纹,从而保证界面上均匀的锂离子沉积行为。此外该 Janus 界面可有效拓宽 LAGP 的电化学窗口,相比于传统的凝胶电解质(GPE)界面,所组装的 LAGP 基全电池表现出显著提高的高压循环和安全性能。

再次,本书解析了有机盐 LiDFOB 引发 1,3-二氧戊环(DOL)原位开环聚合机制,得到的醚基聚合物电解质(Poly-DOL 基 GPE)表现出拓宽的电化学窗口(大于 5 V)。此外,结合锂金属表面硝化预处理的协同效应实现了其与 Poly-DOL 基 GPE 的良好界面兼容性,伴随着界面上均匀锂离子的沉积过程,成功地匹配了不同的商业化正极材料,均表现出优异的电化学性能。

最后,本书基于目前动力电池快充性能的需求,制备了一种具有高锂离子迁移数的醚基共聚物电解质(ECP 基 GPE)。该电解质有效地提高了锂离子的迁移扩散效率,有利于促进电极与电解质界面均匀电场的形成,从而实现在大电流密度下均匀的锂离子通量。组装的薄锂金属负极全电池实现了大倍率下优异的循环性能,也成功地匹配了高负载的正极。

关键词:锂金属电池;固态电解质;原位界面改性;功能化电解质;高安全性电池

Abstract

The pursuit of high energy density is the key direction for the future development of lithium batteries; however, safety issues are still the main bottlenecks restricting their rapid progress. Solid-state electrolytes(SSEs), as the key technology in the future, are expected to solve these issues. Nevertheless, the poor interfacial compatibility between electrolytes and electrode materials makes them far away from the industrial applications. In this book, the interfacial characteristics were systematically analyzed, i. e., the ion transport process and the evolution of the components and structure at the interface. Furthermore, the design on the structure and function of SSEs is proved to be beneficial for optimizing the interfacial issues, thus effectively improving the battery safety.

Firstly, the application of nitrile plastic crystal-based composite electrolyte in optimizing the LAGP|Li interface was investigated. Due to the interfacial instability between LAGP and lithium metal, a superconducting soft modified layer with a 3D continuous ion-conducting network structure was in-situ constructed, accompanied with a stable and low impedance interface between LAGP and metal lithium. Such interfacial modification layer significantly improved the deposition behavior of lithium ions on the interface, effectively prevented the side reaction of LAGP with lithium metal, and thus assembled solid-state batteries exhibited excellent electrochemical performances both at room and high temperature.

Secondly, self-healing electrolytes(SHEs) were pioneeringly introduced into the interfaces between LAGP and electrodes. Thus, a Janus interface with self-healing properties, high flame retardancy, and high interfacial ionic conductivity was successfully constructed by ultraviolet(UV) polymerization. The self-healing properties can effectively and spontaneously repair the cracks at the interface which were caused by the volume expansion of the electrode material, without any other external stimulations. Therefore, a uniform lithium-ion deposition behavior was obtained at the interface. In addition, the Janus interface could effectively broaden the electrochemical window of LAGP. Compared with the traditional gel electrolyte modified interface, the assembled LAGP full battery exhibited significantly improved high-voltage cycle performance and safety.

Thirdly, the mechanism of the in-situ ring-opening polymerization of 1,3-dioxolane(DOL) initiated by the organic salt lithium difluoro(oxalate) borate(LiDFOB) was unprecedentedly analyzed. After polymerization, the obtained Poly-DOLbased GPE possessed a broaden electrochemical window(more than 5 V). In addition, in combination with the synergistic effect of nitration pretreatment on lithium metal surface, super compatibilities between lithium metal and Poly-DOL-based GPE were realized, accompanied with a homogeneous lithium-ion deposition process at the interfaces. Furthermore, successful match to different commercial cathode materials were achieved and these assembled cells delivered excellent electrochemical properties.

Finally, based on current demand for fast charging performance of power batteries, an ether-based copolymer electrolyte(ECP-based GPE) with a high lithium-ion transference number was prepared. ECP-based GPE efficaciously enhanced the efficiency of lithium-ion migration and diffusion. Moreover, a heterogeneous electric field was derived at the electrolyte electrode interface, thereby achieving a uniform lithium-ion flux, even at a large current density. The assembled full battery with limited lithium anode exhibited a super cycle performance at high rate and promising compatibility to the high-loaded cathode.

Key words: Lithium metal battery; solid-state electrolyte; in-situ interfacial modification; functional electrolyte; high safety battery

符号和缩略语说明

AFM	原子力显微镜（atomic force microscope）
AGPE	负极侧凝胶聚合物电解质
AIBN	偶氮二异丁腈
ALE	负极液态电解质
AN	己二腈
ASHE	负极侧自愈合电解质
BPO	过氧化二苯甲酰胺
CEI	正极电解质界面膜
CGPE	正极侧凝胶聚合物电解质
CLE	正极液态电解质
c-PEGDE	交联的聚乙二醇二缩水甘油醚
CSHE	正极侧自愈合电解质
CV	循环伏安测试法（cyclic voltammetry）
DMC	碳酸二甲酯
DMF	N,N-二甲基甲酰胺
DMSO	2-氨基-4-羟基-6-甲基嘧啶二甲基亚砜
DOL	1,3-二氧戊环
d-SN	添加 FEC 和适量锂盐的塑晶电解质
E_a	化学反应的活化能（activation energy）
EC	碳酸乙烯酯
EMITFSI	双（三氟甲基磺酰）1-乙基-3-甲基咪唑
ECP 基 GPE	醚基共聚物电解质
ELE	醚基液态电解质
EIS	电化学交流阻抗法（electrochemical impedance spectroscopy）
FEA	有限元方法（finite element analysis）
FEC	氟代碳酸乙烯酯

FE-SEM	场发射扫描电子显微镜(field emission scanning electron microscope)
FTIR	傅里叶变换红外光谱(Fourier transform infrared spectroscopy)
GPE	凝胶聚合物电解质
HMPP	2-羟基-2-甲基丙酚
ICP-MS	电感耦合等离子体质谱仪
LAGP	NASICON 型固态电解质($Li_{1.5}Al_{0.5}Ge_{1.5}(PO_4)_3$)
LATP	NASICON 型固态电解质($Li_{1.3}Al_{0.3}Ti_{1.7}(PO_4)_3$)
LCO	钴酸锂($LiCoO_2$)
LFP	磷酸铁锂($LiFePO_4$)
LiFSI	双氟磺酰亚胺锂
LGPS	硫化物型固态电解质($Li_{10}GeP_2S_{12}$)
LiTFSI	双三氟甲磺酰亚胺锂
LMO	锰酸锂($LiMn_2O_4$)
LLTO	钙钛矿型固态电解质($Li_{0.34}La_{0.51}TiO_{2.94}$)
LLZAO	$Li_{6.28}La_3Zr_2Al_{0.24}O_{12}$ 纳米线
LLZO	石榴石型固态电解质($Li_7La_3Zr_5O_{12}$)
l-SN	添加 FEC 和适量锂盐及 LLZAO 纳米线的塑晶复合电解质
LSV	线性扫描伏安测试法(linear sweep voltammetry)
MD	分子动力学方法(molecular dynamics)
MPPQ	三丙二醇二丙烯酸酯
No.1 电解质	2 mol/L LiTFSI 的液体醚类电解质
No.2 电解质	2 mol/L LiTFSI 和 0.3 mol/L LiDFOB 的凝胶聚合物电解质
No.3 电解质	2 mol/L LiTFSI,0.3 mol/L LiDFOB 和 30%(以质量计)SN 的凝胶聚合物电解质
NMR	核磁共振谱(nuclear magnetic resonance spectroscopy)
PAMM	丙烯酸酐-2-甲基丙烯酸 2-环氧乙烷-乙酯-甲基丙烯酸甲酯
PEGMEA	聚乙烯(乙二醇)丙烯酸甲醚
PEO	聚氧乙烯聚合物电解质
PETEA	聚合季戊四醇四丙烯酸酯

PFEC	聚氟碳酸亚乙酯
Poly-DOL	醚基聚合物电解质
PTTE	聚三羟甲基丙烷三缩水甘油醚
PVA-CN	氰乙基聚乙烯醇
PVCA	聚碳酸乙烯酯
PVdF	聚偏氟乙烯
PVP	聚乙烯吡咯烷酮
SEI	固态电解质中间相
SHE	自愈合聚合物电解质
SN	丁二腈
SPE	聚合物基固态电解质
Super-P	导电炭黑
TGA	热重分析仪(thermal gravimetric analyzer)
THF	四氢呋喃
t_{Li}^{+}	锂离子迁移数(transference number)
TPGDA	聚酰亚胺模型化合物的质子化产物
UPyMA	2-(3-(6-甲基-4-氧代-1,4-二氢嘧啶-2-基)脲基)甲基丙烯酸乙酯
XPS	X射线光电子能谱技术(X-ray photoelectron spectroscopy)
XPD	X射线粉末衍射仪(X-ray powder diffractometer)
VFT	Vogel-Fulcher-Tammann模型
σ	离子电导率
σ_{int}	自愈合电解质|LAGP界面上的离子电导率

目 录

第1章 绪论 ······ 1
  1.1 引言 ······ 1
  1.2 固态锂金属电池的构造及工作机理 ······ 2
  1.3 固态锂金属电池中的材料及其界面稳定性问题 ······ 4
    1.3.1 化学稳定性 ······ 5
    1.3.2 电化学稳定性 ······ 10
    1.3.3 机械稳定性 ······ 12
    1.3.4 热力学稳定性 ······ 14
  1.4 SPE的原位制备方法 ······ 15
    1.4.1 自由基聚合原位生成SPE ······ 16
    1.4.2 阳离子聚合原位生成SPE ······ 17
    1.4.3 阴离子聚合原位生成SPE ······ 17
    1.4.4 凝胶因子引发聚合生成SPE ······ 17
    1.4.5 其他方法 ······ 17
  1.5 本书的研究内容和意义 ······ 18

第2章 研究方法 ······ 20
  2.1 实验试剂和原料 ······ 20
  2.2 实验设备和装置 ······ 21
  2.3 非电化学表征设备及原理 ······ 22
    2.3.1 固态电解质化学表征 ······ 22
    2.3.2 微观形貌表征 ······ 22
    2.3.3 X射线衍射物相表征 ······ 22
    2.3.4 热力学表征 ······ 22
    2.3.5 力学性能表征 ······ 22
  2.4 电化学表征方法及原理 ······ 23

2.4.1　电导率表征 ·· 23
　　　2.4.2　离子迁移数表征 ·· 23
　　　2.4.3　固态锂金属电池装配 ··· 23
　　　2.4.4　固态锂金属电池表征 ··· 24

第 3 章　腈类塑晶复合电解质在固态电池界面修饰中的应用研究 ······ 25
　3.1　本章引言 ··· 25
　3.2　实验部分 ··· 26
　　　3.2.1　LAGP 固态电解质的制备 ·· 26
　　　3.2.2　塑晶复合电解质材料的制备 ··· 26
　　　3.2.3　LAGP 基固态锂金属电池的装配和表征 ·························· 27
　3.3　塑晶复合电解质材料的结构及电化学性能表征 ···················· 28
　3.4　金属锂负极侧的界面稳定性研究 ······································ 30
　3.5　LAGP 基固态电池的电化学性能 ······································ 33
　3.6　本章小结 ··· 41

第 4 章　自愈合 Janus 界面在固态电池中的构建及其性能研究 ········· 42
　4.1　本章引言 ··· 42
　4.2　实验部分 ··· 43
　　　4.2.1　LAGP 固态电解质的制备 ·· 43
　　　4.2.2　SHE 电解质的制备 ·· 43
　　　4.2.3　LAGP 基界面优化后锂金属电池的装配和表征 ················ 44
　4.3　SHE 电解质的合成机理分析 ·· 45
　4.4　SHE 电解质的物理化学性能表征 ······································ 46
　4.5　自愈合 Janus 界面优化机理 ··· 49
　4.6　金属锂负极与 SHE 界面兼容性研究 ·································· 50
　4.7　LAGP 基界面优化后锂金属电池的电化学性能 ··················· 57
　4.8　本章小结 ··· 59

第 5 章　醚基聚合物电解质在固态电池中的应用及性能研究 ············ 60
　5.1　本章引言 ··· 60
　5.2　实验部分 ··· 61
　　　5.2.1　Poly-DOL 基 GPE 的合成 ·· 61

5.2.2 Poly-DOL 基固态电池的原位装配和表征 ·············· 62
5.3 Poly-DOL 基 GPE 的合成机理分析 ························· 63
5.4 Poly-DOL 基 GPE 的物理化学性能表征 ···················· 65
5.5 Poly-DOL 基 GPE 中锂离子沉积行为研究 ·················· 67
5.6 Poly-DOL 基固态电池的电化学性能 ························ 71
5.7 Poly-DOL 基固态电池中 SEI 膜和 CEI 膜表征 ·············· 74
5.8 本章小结 ·· 76

第 6 章　高锂离子迁移数的醚基共聚物电解质制备及其快充性能研究 ······ 77
6.1 本章引言 ·· 77
6.2 实验部分 ·· 78
　　6.2.1 ECP 基 GPE 的合成 ································ 78
　　6.2.2 ECP 基 GPE 的固态电池原位装配及性能表征 ······ 79
6.3 ECP 基 GPE 的合成机理分析 ······························· 79
6.4 ECP 基 GPE 的物理化学性能表征 ··························· 80
6.5 ECP 基 GPE 中锂离子的电镀/剥离行为研究 ················· 83
6.6 ECP 基 GPE 全电池的电化学性能 ··························· 87
6.7 本章小结 ·· 91

第 7 章　总结与展望 ·· 92
7.1 本书主要结论 ·· 92
7.2 本书主要创新点 ·· 93
7.3 展望 ·· 94

参考文献 ·· 95

在学期间发表的学术论文与研究成果 ······························ 110

致谢 ··· 112

第1章 绪　　论

1.1 引　　言

节能减排与发展新能源是社会发展的必然趋势。随着煤、石油、天然气等不可再生能源逐渐减少,能源危机问题日益凸显。因此,发展新能源、寻求新材料已成为当今重大课题之一。在当今所有的能量转换和能源储存体系中,锂离子二次电池被认为是最高效的器件之一。自20世纪90年代以来,锂离子二次电池在便携式电子产品和电动汽车中的应用使现代生活方式发生了极大的变革,尤其是动力电池的应用必将追求更高的能量密度与更高的安全性。因此,研究开发大容量、高性能、高安全性和低成本的锂电池是世界各国科学家共同追求的目标[1]。

针对目前有机液态锂离子二次电池体系存在能量密度限制及安全隐患的现状,固态锂金属电池很可能突破以上两方面的瓶颈,成为下一代锂电池的重要研究方向[2]。相比于液态锂离子二次电池,固态锂金属电池兼具高能量密度、高安全性和宽工作温度范围等优势,在未来电动汽车和智能电网等储能领域拥有广阔的发展前景。不幸的是,电极材料与固态电解质材料之间较差的界面兼容性及较大的界面阻抗,阻碍了固态锂金属电池的应用[3-4]。实现高能量密度固态锂金属电池的有效途径是构建稳定的电极材料/电解质界面,从而实现良好的界面兼容性。然而,如何构造兼具高离子电导率、低电极/电解质界面阻抗及循环过程中稳定的界面仍是现阶段面临的巨大技术挑战[5]。因此,基于原位策略,电解质结构与功能化设计是实现稳定界面的有效方法,有望突破当前固态锂金属电池存在的主要技术瓶颈,推动新能源动力电池的发展,具有重要的现实意义和科研价值。

本章首先介绍固态锂金属电池的工作机理及存在的问题,进而综述固态电解质与电极材料界面存在的问题、种类及常用改性策略,并着重讨论原位聚合机理及其在界面改性方面的意义与发展前景,在此基础上提出本书的主要研究内容及研究意义。

1.2　固态锂金属电池的构造及工作机理

商品化锂离子二次电池主要由正极、负极、电解液、隔膜、集流体等部分组成,如图 1-1 所示[6]。传统液态锂离子二次电池的正极材料一般是嵌锂电极电位相对较高的金属化合物(如层状结构的 $LiCoO_2$(LCO)、尖晶石结构的 $LiMn_2O_4$(LMO)、橄榄石结构的 $LiFePO_4$(LFP)等),负极一般是石墨等还原电势较低的可嵌锂材料。正负电极之间通过溶解一定量锂盐的液态有机电解质及商业隔膜(如聚丙烯隔膜)来构建离子导电网络通道。

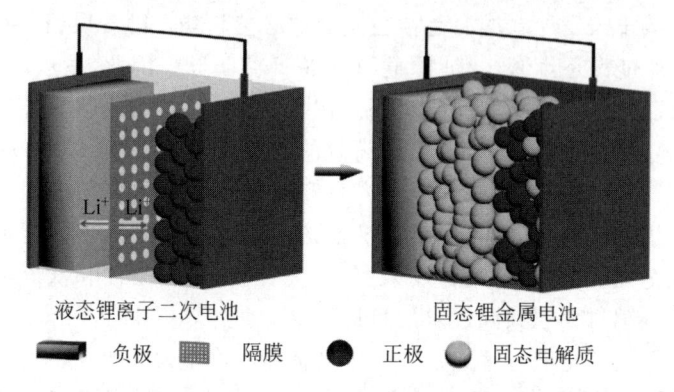

图 1-1　传统液态锂离子二次电池与固态锂金属电池工作机理对比[6]

与传统锂离子二次电池不同的是,固态锂金属电池主要是用锂金属负极取代传统的石墨等负极材料,不可燃的固态电解质取代传统隔膜和液态电解质,既可以起到隔离正负极防止电池短路的作用,同时能够有效地传导锂离子。如图 1-1 所示是传统锂离子电池与固态锂金属电池的工作原理对比[6]。与传统液态锂离子电池的工作原理不同的是,在放电过程中,在电极化学势差的驱动下,金属锂负极中的锂离子从锂金属表面自发脱出,通过固态电解质迁移到达正极侧,并发生嵌入转化反应;同时基于电中性特性,电子通过外电路迁移到正极表面,形成一个完整的放电过程,伴随着化学能转化为电能。相反,充电时在电场作用下,锂离子从正极中脱出并穿过电解质在金属锂负极表面被还原,伴随着电能转化为化学能。与石墨负极相比,金属锂负极缺少一个稳定的层状结构,因此金属锂的反应伴随着电化学沉积过程。此外,由于大多数固态电解质材料拥有较宽的电化学窗口,因此有望匹配具有较高充放电压平台的正极材料,从而进一步提高锂金属电池的能量密度[7]。

最早报道的固态离子导体可以追溯到1833年，迈克尔·法拉第首次发现硫化银（Ag_2S）固体中的离子传导现象，并提出法拉第定律[8]。随后1850年出现的早期固态电池模型为银基电池（如 Pb-$PbCl_2$∣AgCl∣Ag[9]和Ag∣AgI∣I_2[10]），然而电极材料与电解质之间持续的副反应引起极化电压不断增加，导致该类电池不可充电。20世纪70年代末随着嵌锂插层型正极材料问世，可充电的固态电池首次被提出[11]。尤其是早期聚氧乙烯（PEO）聚合物电解质的出现，促进了聚合物基固态电解质（SPE）的发展，实现了SPE基固态电池在电动车领域的商业化应用[12]。随后具有高离子电导率的无机快离子导体广受关注，如 NASICON 型 $Li_{1.3}Al_{0.3}Ti_{1.7}(PO_4)_3$（LATP）[13]、钙钛矿型 $Li_{0.34}La_{0.51}TiO_{2.94}$（LLTO）[14]、石榴石型 $Li_7La_3Zr_5O_{12}$（LLZO）[15]及硫化物型 $Li_{10}GeP_2S_{12}$（LGPS）[16]。尤其是硫化物电解质 LGPS 具有比传统有机液态电解质更高的离子电导率，进一步推动了业界对固态电池的关注，然而 LGPS 存在空气稳定性差、对金属锂不稳定等缺陷，阻碍了其商业化应用。

受限于相对较低的能量密度和可燃有机电解液带来的安全隐患，商品化锂离子电池的发展逐渐进入瓶颈期。由于固态电解质的优势及取得的进展，固态电池重新引起科学家的广泛关注。据报道，在固态电解质与电极材料的界面上添加少量液体电解质或者柔性的高分子聚合物，固态电池可表现出更高的可逆比容量及更长的循环寿命。而基于电池所含液体的量，固态电池可以被分为如下三类。

（1）液态电解质基电池：包含电极、隔膜及传统的液态锂离子电池电解质。对于凝胶锂离子电池，将聚合物添加到液态电解质中形成凝胶可以增强其力学性能，但本质上还是液态电解质在传导锂离子，这类凝胶电池也可以被归类为液态电解质基电池。

（2）固液混合基（准固态基）电池：该类电池同时包含固态电解质和液态电解质。一般通过滴加少量液态电解质到正极材料侧，可保证多孔正极材料与电解质的充分接触，以及形成连续的离子导电网络。

（3）全固态基电池：该类电池中不包含任何液态电解质，正极通常包含固态电解质的复合物以实现正极内部的离子传导，如全无机固态电池、SPE基电池及有机-无机复合固态电解质基电池等。该类电池被认为是能够完全解决安全问题的电池体系。

固态电池兼具高安全性与高能量密度，有望突破目前商品化液态锂离子电池能量密度受限和安全隐患较高(如易漏液、着火、爆炸等)的瓶颈,从而推动新能源动力电池的快速发展。但是固态电解质与电极材料,尤其是与锂金属负极间存在的界面兼容性问题(包括化学稳定性、电化学稳定性、机械稳定性及热稳定性四方面)严重限制了固态锂金属电池的应用。关于固态电解质与电极材料及其界面稳定性问题的讨论与分析将在1.3节详细展开。

1.3 固态锂金属电池中的材料及其界面稳定性问题

尽管相比于传统的锂离子二次电池,固态锂金属电池具有明显的优势,但是其在实现商业化应用之前还有较多的问题亟须解决,诸多科学家对以上问题的机理及可能的解决方案进行了深入研究。业界早期一致认为固态电解质较低的锂离子电导率是限制固态电池性能的主要原因,然而经研究发现,即使采用高室温离子电导率的硫化物固态电解质,组装而成的固态电池的性能依然较差。因此,为了获得高性能固态电池,如何应对固态电池其他方面(尤其是界面兼容性)的挑战显得尤为重要,如界面持续的副反应、有限的电化学窗口及刚性的固-固接触等问题[3]。为了更好地理解固态电池中存在的挑战,可以将其归纳为稳定性问题,如图1-2所示,电池的稳定性可以定义为在外部刺激时能够保持或者恢复电池组件原始结构、组分及形态的能力。目前,电解质材料及其界面的稳定性问题通常可归纳为化学稳定性、电化学稳定性、机械稳定性及热力学稳定性四个方面[5]。

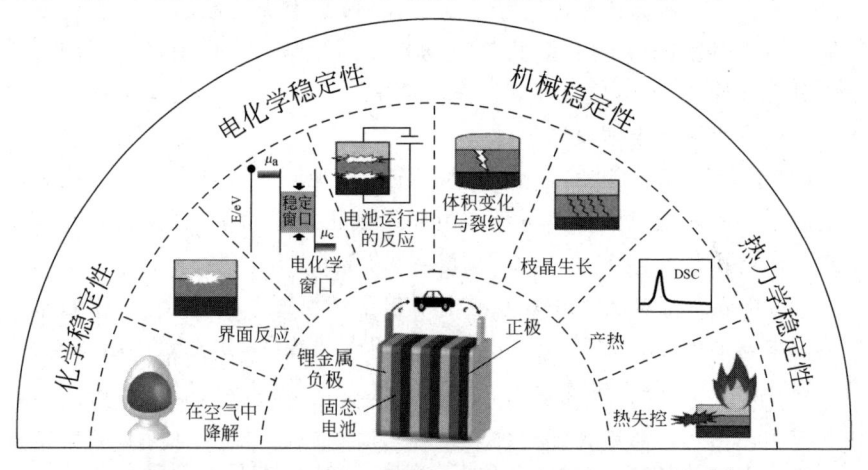

图1-2 固态电池中电解质材料及其界面稳定性问题示意[5]

1.3.1 化学稳定性

固态电池的化学稳定性用来描述固态电池在制备及存储过程中(在电池充放电之前),电解质材料及其界面的状态变化。固态电解质材料较差的空气稳定性增加了其制备和储存的难度及成本,而电极/电解质界面的化学不稳定性容易造成电池性能衰减甚至安全隐患[17]。

1. 固态电解质化学稳定性

固态电解质化学稳定性指当某些固态电解质材料暴露在空气中时,电解质材料会发生分解,甚至影响其应用,如离子电导率大大降低。不同类型的电解质材料在空气中的失效机制有所差异,如表1-1所示。其中硫化物电解质材料中的硫化锂成分对湿气高度敏感,使得该类电解质材料在空气中容易产生硫化氢。Muramatsu等[18-19]通过研究发现,在湿度较高的环境下,硫化物电解质中67%的硫化锂发生了结构变化,其中$P_2S_7^{4-}$离子在水的侵蚀下分解产生—OH和—SH基团,而硫化氢的产生主要取决于$Li_2S \cdot P_2S_5$组分,但是具体的机制有待进一步研究。相反,氧化物电解质材料则主要是由于发生Li^+/H^+交换而失效。早期研究提出石榴石型固态电解质LLZO在空气中具有良好的稳定性,然而Cheng等[20]研究发现,LLZO电解质在空气中暴露2个月后,其表面会形成较厚的Li_2CO_3层,从而导致产生较大的界面阻抗。为了进一步深入了解Li^+/H^+交换机理,Duran等[21]针对钙钛矿型LLTO电解质进行了理论和相关实验研究,提出该类电解质浸泡在纯水中不会改变其原始晶体结构,只是晶格参数会有略微变化,类似的现象同样出现在石榴石型电解质中。除外部环境外,材料本身的显微组织和元素组成也会影响上述Li^+/H^+离子交换过程,如可通过铝掺杂提高LLZO的空气稳定性[22]。而SPE(如PEO)则极易吸潮导致降解,从而影响其电化学性能[23]。

此外,相比于固态电解质材料的本征稳定性,固态电池中电极与电解质界面的兼容性是目前亟须突破的技术壁垒。学界通常认为在电极与电解质界面处形成的钝化层有利于拓宽液态电解质的电化学窗口。固态电池中正负极与电解质界面在化学和电化学过程中均会形成类似的过渡层,其中通过化学过程形成的过渡层可以视为在无外部电压下缓慢的静态过程,而电化学过程产生的过渡层伴随着锂的脱/嵌过程而动态演变,本节接下来重点讨论化学过程中形成的界面情况。

表 1-1　固态电解质材料在空气中的稳定性及其失效机制

电解质材料	空气稳定性	反应机制（失效）	参考文献
$Li_7La_3M_2O_{12}$（M=Zr,Sn,Hf）	Li^+/H^+ 交换	$2Li_7La_3M_2O_{12}+7H_2O \longrightarrow 14LiOH+3La_2O_3+4MO_2$	[24]
$Li_{6.5}La_3Zr_{1.5}Ta_{0.5}O_{12}$	Li^+/H^+ 交换	(1) $Li_{6.5}La_3Zr_{1.5}Ta_{0.5}O_{12}+xH_2O \longrightarrow Li_{6.5-x}H_xLa_3Zr_{1.5}Ta_{0.5}O_{12}+xLiOH$ (2) $LiOH+H_2O \longrightarrow LiOH \cdot H_2O$ (3) $2LiOH \cdot H_2O+CO_2 \longrightarrow Li_2CO_3+3H_2O$	[25]
$Li_{0.3}La_{0.57}TiO_3$	Li^+/H^+ 交换	(1) $Li_{0.3}La_{0.57}TiO_3+yH_2O(g) \longrightarrow (Li_{0.3-y}H_y)La_{0.57}TiO_3+yLiOH(s)$ (2) $2LiOH(s)+CO_2(g) \longrightarrow Li_2CO_3+3H_2O(g)$	[26]
$67Li_2S \cdot _{33}P_2S_5$	释放硫化氢	$P_2S_7^{4-}+H_2O \longrightarrow PS_3^{2-}-SH+PS_3^{2-}-OH+H_2O \longrightarrow 2PS_3^{2-}-OH+H_2S(g)$	[18]
PEO	容易吸潮，在纯氧中容易氧化	—	[23]
$Li_{1+x}Al_xTi_{1-x}(PO_4)_3$	几乎稳定，缓慢的 Li^+/H^+ 交换	—	[27]

2. 电解质与负极界面化学稳定性

针对固态电池中负极侧界面特征，其金属锂|电解质界面可分为 3 种不同的类型[28]，如图 1-3 所示。

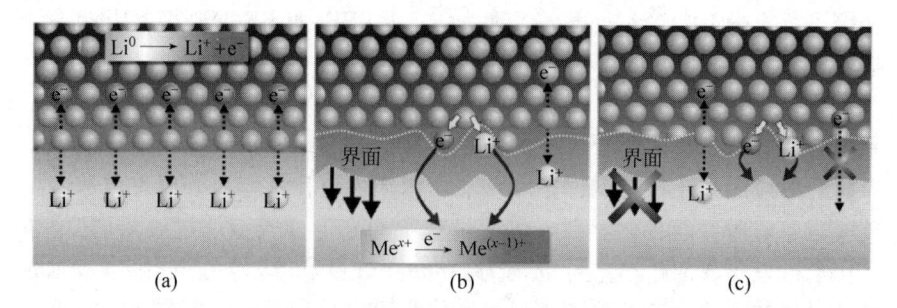

图 1-3　金属锂|固态电解质界面类型

（a）热力学稳定型界面；（b）混合离子/电子导体型界面；（c）固态电解质中间相（SEI）型界面[28]

(1) 热力学稳定型界面,即固态电解质与金属锂之间不发生化学反应,形成典型的二维界面;该类型界面在电池循环中既热力学稳定存在又动力学稳定存在,并在界面处有良好的离子电导性,因为固态电解质和金属锂都是优异的离子导体。然而大量的热-动力学分析证明,很少有固态电解质对金属锂本征热力学和动力学都稳定。有些氧化物固态电解质在动力学上容易与金属锂形成该类界面[29-30],如石榴石型固态电解质 LLZO。然而由于较差的热力学稳定性,该界面在高温烧结或者循环过程中容易被破坏进而转变成其他类型界面。此外,该类界面往往需要固态电解质具有较宽的电化学窗口及与金属锂良好的界面兼容性。但是,当固态电解质(如 LLZO)同时满足以上两个条件时,电解质与金属锂之间容易形成刚性接触,如点接触或者不连续接触,其较差的物理接触导致界面阻抗异常,这也是目前 LLZO 基固态锂金属电池难以真正实现商业化应用的主要原因之一。

(2) 混合离子/电子导体型界面,即固态电解质对金属锂不稳定,通过自发的化学反应形成兼具离子和电子导电网络的界面。该界面会持续发生副反应,并形成高阻抗副产物,从而引起界面阻抗增大,同时加剧电池的自放电效应。由于大多数电解质含有高价阳离子,因此具有较强的氧化性,易将金属锂氧化形成混合离子/电子导体型界面;大多数固态电解质与金属锂之间形成的中间过渡界面层类别可以通过界面热动力学计算得出,且在不考虑特殊的电子传导机制的情况下,根据界面上的电子电导率可以确定其界面是混合离子/电子导体型还是固态电解质中间相型。如果形成的界面属于混合离子/电子导体型,那么从热力学上考虑,锂离子和电子的同时传导会引起界面的持续反应,因此混合离子/电子导体型界面无法形成稳定的钝化保护层[31]。在 Li-LGPS 和 Li-LLTO 体系下形成的界面一般属于混合离子/电子导体型,其中分别形成电子导电的锂锗合金层和钛酸盐层,该界面的性质较好地解释了 LGPS 和 LLTO 材料在实验中表现出的结果,即界面的持续分解反应导致该类固态锂金属电池中库仑效率较低[32-33]。因此,混合离子/电子导体型界面的形成会引起持续的界面副反应及高界面阻抗,在实际应用中应该避免此类界面的形成。界面优化有助于将该类界面转变成 SEI 型界面。

(3) SEI 型界面,即电子绝缘而离子导电型界面层,在固态电解质与金属锂之间形成稳定的 SEI。相比于混合离子/电子导体型界面,SEI 型界面作为稳定过渡层,电子绝缘且在电化学循环过程中可稳定存在,同时界面钝化层的形成可有效抑制界面副反应及固态电解质分解的持续发生[31-34]。例如,金属锂与 LiPON 固态电解质之间的界面属于该类界面,两者反应形成的中间相具有良好的电子绝缘性,主要组分为 Li_2O、Li_3N 和 Li_3P。此外,该 SEI 层中包含的 Li_3N 和 Li_3P 是快离子导体,有利于减小界面阻抗[35-36]。SEI 型界面的界面阻抗主要由 SEI 层的离子电导率决定。Li-LiPON 型界面是一种自发形成具有高离子电导性的理想 SEI 型界面。对于那些锂离子导电性差的 SEI 型界面,人工 SEI 层的构筑有利于解决由该自发形成界面引起的高界面阻抗问题。

3. 电解质与正极界面化学稳定性

针对固态电池中的正极侧界面,其多孔正极与电解质之间较大的界面阻抗是导致当前固态电池倍率性能不佳的主要原因。本书详细探讨了由于元素互扩散过程及空间电荷层效应引起的高界面阻抗问题。理论计算研究预测了固态电解质与不同正极材料直接接触很可能发生的一系列化学反应,如表 1-2 所示。同时 King 等[37]通过透射电子显微镜(TEM)结合 X 射线能谱分析(EDS)发现,自扩散过程导致在 LCO 正极与 LLZO 界面上形成 La_2CoO_4 纳米中间相过渡层。但是如果简单地将 LCO 与 LLZO 纳米颗粒混合在一起就很难观测到分解的产物,说明当接触不充分或者在室温时,正极材料与固态电解质之间的副反应具有较慢的动力学过程,很难通过 X 射线粉末衍射仪(XPD)进行物相分析与检测。然而大部分氧化物型固态电解质需要在高温下烧结制备而成,以使两者之间的反应变得更加显著,Gellert 等[38]发现即使低于 500℃,LATP 与氧化物正极材料混合后仍表现出快速的分解扩散过程,形成 $LiTiPO_5$、Li_3PO_4 和 Co_3O_4 等中间相。其中,不含锂的分解产物可能会阻碍界面处的锂离子传导过程,导致较高的界面阻抗,从而引起极化增大及固态电池性能衰减。空间电荷层效应是引起正极与电解质界面之间阻抗较大的另一主要原因,特别是基于硫化物的固态电池。Haruyama 等[39]通过第一性原理首次对 LCO 与 Li_3PS_4 固态电解质之间的空间电荷层效应进行了计算。锂离子通常由于电解质与正极材料之间化学势的不同而迁移到正极材料侧,但是当活性物质同时具备锂离子导电性和电子导电性时,锂离子形成的浓度梯度将被电子补偿,导致锂离子从硫化物电解质不断地传输到正极侧,该过程引起硫化物电解质靠近正极材料侧的载流子被耗尽,形成贫锂层,从而阻碍充放电过程中锂离子在正极与电解质界面处的传导。Yamamoto 等[40]研究发现,通过正极与电解质界面处电位的急剧下降可证实空间电荷层的存在,该空间电荷层导致界面阻抗增大。具体的作用机理尚不明确,有待进一步确认,该部分讨论会在 1.3.2 节详细展开。

表 1-2 正极材料与固态电解质之间化学反应的第一性原理计算和实验结果

固态电解质	正极材料	界面反应	温度/K	方法	参考文献
$Li_7La_3Zr_2O_{12}$	LCO	$4Li_7La_3Zr_2O_{12} \longrightarrow 4La_2Zr_2O_{12} + 7O_2 + 2La_2O_3$	0	DFT	[41]
$Li_7La_3Zr_2O_{12}$	$LiFePO_4$	$10LiFePO_4 + 3Li_7La_3Zr_2O_{12} \longrightarrow 5Fe_2O_3 + 7Li_3PO_4 + 3LaPO_4 + 3La_2Zr_2O_7$	0	DFT	[41]
$Li_7La_3Zr_2O_{12}$	$LiMnO_2$	$7LiMnO_2 + 2Li_7La_3Zr_2O_{12} \longrightarrow La_2O_3 + 2La_2Zr_2O_7 + 7Li_2MnO_3$	0	DFT	[41]
Li_3PS_4	$LiCoO_2$	$3LiCoO_2 + 2Li_3PS_4 \longrightarrow Co(PO_3)_2 + 2CoS_2 + 4S$	0	DFT	[41]
Li_3PS_4	$LiFePO_4$	$2Li_3PS_4 \longrightarrow P_2S_7 + S$	0	DFT	[41]
$Li_{10}GeP_2S_{12}$	$LiMnO_2$	$14LiMnO_2 + 8Li_3PS_4 \longrightarrow 3Mn_2S_3 + 4Mn_2P_2O_7 + 23S$	0	DFT	[41]
$Li_{10}GeP_2S_{12}$	$LiCoO_2$	$7LiCoO_2 + 2Li_{10}GeP_2S_{12} \longrightarrow 2GeP_2O_7 + 10S + 7CoS_2$	0	DFT	[41]
$Li_{10}GeP_2S_{12}$	$LiFePO_4$	$Li_{10}GeP_2S_{12} \longrightarrow 3S + P_2S_7 + GeS_2$	0	DFT	[41]
$Li_{10}GeP_2S_{12}$	$LiMnO_2$	$14LiMnO_2 + 4Li_{10}GeP_2S_{12} \longrightarrow 4Mn_2P_2O_7 + 31S + 4GeS_2 + 3Mn_2S_3$	0	DFT	[41]
$Li_{10}GeP_2S_{12}$	$LiNiO_2$	$171LiNiO_2 + 22Li_{10}GeP_2S_{12} \longrightarrow 22Li_4P_2O_7 + 22GeO_2 + 36Li_2SO_4 + 57Ni_3S_4$	0	DFT	[41]
$Li_7La_3Zr_2O_{12}$	$LiCoO_2$	形成 La_2CoO_4	298	TEM	[37]
$Li_7La_3Zr_2O_{12}$	$LiCoO_2$	四方 $Li_7La_3Zr_2O_{12}$ 相变	573	XRD	[42]
$Li_{6.6}La_3Zr_{1.6}Ta_{0.4}O_{12}$	$Li_2Mn_3CoO_4$	$11.6Li_{6.6}La_3Zr_{1.6}Ta_{0.4}O_{12} + 39.9LiMnCoO_4 \longrightarrow 0.25O_2 + La_2MnCoO_6 + 0.2La_2O_3 + 9.3La_3ZrO_7 + 4.7La_3TaO_7 + 38.9Li_2MnO_3 + 38.9LiCoO_2$	873	XRD	[43]
$Li_{6.6}La_3Zr_{1.6}Ta_{0.4}O_{12}$	$Li_2Mn_3NiO_8$	$36.9Li_{6.6}La_3Zr_{1.6}Ta_{0.4}O_{12} + 61.3LiMnO_8 \longrightarrow 0.25O_2 + 3.2La_2O_3 + 29.5La_2Zr_2O_7 + 14.7La_3TaO_7 + LaMnO_3 + 182.9Li_2MnO_3 + 61.3NiO$	873	XRD	[43]
$Li_{6.6}La_3Zr_{1.6}Ta_{0.4}O_{12}$	$Li_2Mn_3FeO_8$	$5.3Li_{6.6}La_3Zr_{1.6}Ta_{0.4}O_{12} + 7.25Li_2Mn_3FeO_8 + 1.8O_2 \longrightarrow 4.3La_2Zr_2O_7 + 2.1La_3TaO_7 + LaFeO_3 + 21.8Li_2MnO_3 + 6.25LiFeO_2$	873	XRD	[43]
$Li_{1+x}Al_xGe_{2-x}(PO_4)_3$	$LiMn_{1.5}Ni_{0.5}O_4$	形成 $LiMnPO_4$ 和 CeO_2	873	XRD	[44]
$Li_{1.5}Al_{0.5}Ti_{1.5}(PO_4)_3$	$LiCoO_2$	形成 $LiTiPO_5$，Li_3PO_4 和 Co_3O_4	873	XRD	[38]
$Li_{1.5}Al_{0.5}Ti_{1.5}(PO_4)_3$	$LiMn_2O_4$	形成 $AlPO_4$，Li_3PO_4 和 Mn_2O_3	973	XRD	[38]
$Li_{1.5}Al_{0.5}Ti_{1.5}(PO_4)_3$	$LiFePO_4$	形成 $Li_2FeTi(PO_4)_3$ 和 $AlPO_4$	1073	XRD	[38]

1.3.2 电化学稳定性

固态电解质的电化学稳定性用来描述固态电池在电化学充放电过程中材料及界面的变化情况。虽然大部分固态电解质拥有足够宽的电化学窗口，但是相关研究表明，当固态电池充电到高压时会出现固态电解质分解及产生非活性界面[45]。因此深入解析固态锂金属电池中电极与电解质材料及界面的电化学行为具有十分重要的意义。

1. 固态电解质电化学稳定性

理论上固态电解质的电化学稳定性可以定义为其电解质材料的本征电化学窗口，据报道，大多数固态电解质具有较好的电化学稳定性。其中无机固态电解质由于不包含锂盐及有机组分，因此有望表现出更宽的电化学窗口。基于阻塞电极的循环伏安(CV)或者线性扫描伏安(LSV)对电化学窗口的测试证明，无机电解质的电化学窗口远远优于液态电解质的电化学窗口。然而，对于硫化物电解质，由于其电化学窗口受限，导致由其组装的硫化物基固态锂金属电池显示出不可逆的初始容量损失；此外持续增大的界面阻抗表明正极侧并未形成一个稳定的界面[45]。氧化物固态电解质表现出同样的现象，基于CV测试得到的较宽电化学窗口，有望匹配高电压正极材料(如镍锰基正极和LCO)，然而匹配的全电池性能难以得到理想的电化学性能，其可能原因是基于目前测试方法得到的固态电解质电化学窗口并非电解质材料真实的电化学稳定性[46]。Han 等[47]利用碳与碳之间的接触提高了电解质材料之间的接触面积从而实现了快速的反应动力学过程，设计了 Li|固态电解质＋碳|铂的方法测试电解质材料的真实电化学窗口。值得注意的是，材料合成过程中引入的杂质等对电解质材料的本征电化学窗口具有较大影响。对于 SPE 体系，目前最大的挑战就是其难以应用在高压固态锂金属电池体系中，如醚基聚合物体系稳定的电化学范围为 3.7～4.5 V[48]。相关研究表明，共聚策略有望进一步提高 SPE 的电化学稳定性，实现高压正极材料的匹配，例如，PAN-PEO-LiCO$_4$ 基共聚物电解质可实现 4.8 V 的稳定电化学窗口[49]。然而大多数 SPE 的电化学稳定性上限可能依然是 4 V，其在高压固态电池中的应用有待进一步研究。

2. 电极与固态电解质界面电化学稳定性

实际上，电极与电解质界面的电化学反应决定了固态电解质材料的真实电化学稳定性。除了化学过程的影响外,其界面上的电化学行为起着十分关键的作用。在正极侧,充放电过程中电化学势的驱动促使 SEI 膜形成,受外加电压和界面优化等因素的影响,不同电解质体系基固态锂金属电池中的界面行为各有不同,因此本部分重点讨论正极侧与不同电解质体系由于电化学差异引起的复杂界面行为。

对于硫化物电解质体系正极侧界面,Sakuda 等[45]研究发现,在首次充放电过程中,Co 和 S 元素的互扩散及中间相的形成造成了较大的界面阻抗。Otoyama 等[50]进一步通过拉曼成像技术表征氧化物正极与硫化物电解质界面上副反应产物的成分和分布,发现 Co_3O_4 副产物会损害电池性能,而该产物一般在液态电解液体系中 LCO 正极过度充电的情况下形成,而且 Co_3O_4 副产物的不均匀分布表明电极发生了局部过度充电。对于硫化物体系,其正极侧界面上的电化学稳定性也受正极材料类型的影响,如 LCO 正极侧界面由于电化学过程形成的 Co_3O_4 副产物而具有良好的导电性,促使副反应持续发生;而对于 LFP 正极界面,其在充电过程中与硫化物电解质的副反应引起电解质电荷补偿效应,从而形成贫锂区,其中 S—S 键的形成和 PS_4 多硫化物的聚合过程进一步扩大了该区域,导致电池性能变差。此外,硫化物电解质容易在较低电位下发生氧化过程,难以实现高达 5 V 的耐氧化能力。而且硫化物固态电池往往需要加压处理,因此其界面上的电化学行为难以较好地表征。

对于氧化物电解质体系正极侧界面,由于氧化物电解质具有较好的机械性能,因此容易与多孔正极材料形成刚性的点接触,从而产生较大的界面阻抗;为了改善以上界面问题,高温共烧结过程在一定程度上可以增大界面接触面积,但也容易增强互扩散行为和引入新的中间相,进一步导致界面阻抗变大[37]。低温烧结在一定程度上可缓解高温下快速的互扩散过程。Kimd 等[51]通过在 NASICON 型固态电解质上沉积一层 500 nm 的 LCO 正极得到 LCO/LATP|LiPON|Li 薄膜型电池,在循环 50 圈后,正极侧没有形成中间过渡层并且保持紧密的稳定界面。然而对于石榴石型 LLZO 固态电解质体系,当充电到 3.0 V 时,在正极 LCO|LLZO 界面会发生不可逆的电化学分解反应[42];对于 Li|LLZO|$LiMn_{1.5}Ni_{0.5}O_2$ 电池体系,当充电到 3.8 V 时,即使在低温下依然出现明显的电压降,以及形成高阻抗界面过渡层(Li_2MnO_3,$(Li_{0.35}Ni_{0.05})NiO_2$ 和其他杂相)[52]。在热处理过程中,在 $LiMn_{1.5}Ni_{0.5}O_2$ 与 NASICON 型电解质界面上也会出现第二相。此外,空间电荷层效应会导致 LCO 与 NASICON 型固态电解质界面出现明

显的电压降[40]。总的来说,氧化物电解质基固态锂金属电池中引起正极侧较差界面兼容性的相关控制因素较多,可以归纳为:①固态电解质与多孔正极材料刚性接触引起极化增大及界面阻抗增大;②在高温热处理过程中容易形成高阻抗中间过渡层;③施加高压时促使电解质分解形成有害中间过渡层;④空间电荷层效应的存在,由于锂离子在固态电解质中快速迁移而宿主离子依然留在原来的位置形成贫锂区,限制了后续锂离子迁移。由此可见,正极与氧化物固态电解质界面较为复杂且探索难度比较大。

对于高分子 SPE 体系正极侧界面,相比于匹配低电压正极材料,当匹配高压正极材料(LCO 和 LMO)时,其固态锂金属电池表现出快速的容量衰退及较差的循环稳定性。Seki 等[53]研究了 Li|SPE|LCO 电池体系,发现循环 10 圈后容量保持率仅约为 58%,主要原因是正极侧 SPE 在高压下的氧化分解引起界面阻抗显著增大。Ma 等[54]研究发现,高分子 SPE 的稳定性主要受锂盐而并非聚合物骨架的影响。

针对固态电解质与负极侧界面,在固态锂金属电池充放电过程中,其界面的中间相也会发生动态演变,就像传统液态锂离子电池中 SEI 膜动态演变一样[55]。正如前面讨论的 3 种固态电解质负极侧界面类型,其中离子导电且电子绝缘的 SEI 型界面是最理想的界面,但是对充放电过程中该界面的动态演变过程却缺少进一步的研究。Wood 等[56]通过"虚拟电极"的可视化设计研究了 Li|Li$_2$S-P$_2$S$_5$ 界面上 SEI 动态变化过程,研究结果表明,SEI 异质结构膜的氧化还原活性成分(如 Li$_3$P 和 Li$_2$O)在充放电过程中会发生动态演变,并且他们提出了 SEI 膜的组成及 3D 结构模型,首次提供了充放电过程中 SEI 的演变情况,但是 SEI 界面在其他体系中的变化依然需要得到进一步研究。

针对以上化学、电化学不稳定问题,研究者为实现固态锂金属电池中稳定界面的构筑付出了大量努力,开发出诸如正极侧界面引入界面过渡层[57-58]、负极侧人工 SEI 构造[59-61]、复合策略[62]等稳定界面构筑方法。

1.3.3 机械稳定性

1. 固态电解质材料的机械性能

Newman 和 Monroe 预测当固态电解质的剪切模量足够高时可以有效地抑制锂枝晶的生长,此外固态电解质必须能够承受电池组装和循环过程中电极体积膨胀效应造成的压力,固态电解质材料的机械性能需从剪切模量和脆性两方面来考虑。

剪切模量可以定义为剪切应力与剪切应变之比,据文献报道,高分子 SPE 的剪切模量一般低于 5 GPa,而抑制锂枝晶生长的剪切模量约为 9 GPa,因此 SPE 对枝晶生长的抑制作用是有限的[63]。硫化物固态电解质的剪切模量接近以上临界值,其组成和结构优化后的硫化物对锂枝晶可表现出足够的抑制作用,同时氧化物电解质具有最高的剪切模量,其值远超过临界剪切模量,理论上对枝晶的生长具有良好的抑制效果;然而在大部分氧化物基固态锂金属电池中仍然可以观测到枝晶生长,其原因可能是较差的界面兼容性,以及沿晶界形成的裂纹或者部分固态电解质电子电导率较高[64]。因此,电解质的剪切模量只是决定电池中锂枝晶是否生长的重要但不是唯一因素。

固态电解质的脆性或断裂性能是影响电池的另一个重要因素。一般用剪切模量与体积模量之比来评估材料的脆性。硫化物电解质的延展性能较好,可以较好地承受电池组装过程中产生的应力,而氧化物电解质的脆性一般较大,在循环过程中,电极材料的体积膨胀进一步使电极|电解质界面断开,从而对电池性能造成致命的危害[65]。因此在设计固态电解质时必须兼顾剪切模量和材料脆性这两方面。而电解质的机械性能主要由材料的化学键、晶体结构及微观结构决定,如硫化物电解质中较低的键能导致较好的延展性。此外,如何优化电解质的压实密度(足够高的离子导电性能)和延展性是一个值得探索的方向。

2. 固态电池的机械性能

固态电池的机械性能研究主要是探讨循环过程中固态电解质及电极材料机械性能的变化情况,即在电池循环过程中由于枝晶的生长、电极材料裂纹的形成或电极材料体积膨胀引起界面失效等都属于固态电池的机械性能问题。

早期固态电池研究的主要目的之一就是解决液态锂金属电池体系由于枝晶生长带来的安全隐患问题,然而研究人员却发现,SPE 体系或者较高剪切模量的全固态电池中依然存在枝晶生长的隐患[66]。其引起枝晶生长的原因可总结如下:晶界促进枝晶生长机制[67];不充分的界面接触引起较大的局部电流密度诱导枝晶生长[64];电解质较高的本征电子电导率诱导枝晶内部生长[68]。因此可通过调控界面或者晶界的电场分布来实现均匀的锂离子沉积行为,改善固态电池中因枝晶生长带来的机械性能变差等安全隐患。

在锂离子电池中,大部分电极材料在脱嵌锂过程中会经历相变、晶格膨胀或者结构变化从而引起电极材料的体积膨胀/收缩,而反复的体积膨胀/收缩过程会引起其机械性能变差,如电极材料变形、粉化或者与集流体界面脱离,从而导致电池性能恶化,因此机械性能的稳定性对电池性能至关重要。尤其是在固态锂金属电池中,循环过程中产生的内应力无法有效消除时,固态电解质内部容易产生较大的内应力从而引起裂纹形成等问题。此外固态电池中大多数正极材料是含有固态电解质材料的复合正极,其内应力不仅存在于电极|电解质界面上,而且也存在于正极内部。由于正极材料和固态电解质本身的脆性特征会导致裂纹的形成,因此会导致电化学性能进一步恶化[69]。总的来说,基于"刚柔并济"策略,具有一定延展性的固态电解质或者柔软聚合物界面有望缓解固态电池内部形成的应力,从而避免电池失效。

为了获得具有稳定机械性能的固态电池,科学家通过设计机械性能优异的固态电解质材料[70]和新型固态电池结构设计(例如,选取体积膨胀较小的电极材料[71]、固液混合电池[72-73]、梯次结构的电池[74]、液态电极材料的应用[75])等方法构建了刚柔并济的界面,目前已取得一定进展。

1.3.4 热力学稳定性

1. 固态电解质材料的热力学稳定性

对于传统的有机液态锂离子电池,随着温度的升高,一系列副反应会导致电池失效或者热失控,例如,在 80~120℃下,SEI 会分解并产气;在130℃左右,传统隔膜会开始融化导致电池内短路并释放大量热量;当温度继续升高时,氧化物正极材料开始分解并释放大量氧气引起电池内部温度和压力急剧升高最终导致热失控[76-77]。具有阻燃特性的电解质可有效提高电池的热力学稳定性,从而能够阻止以上热失控过程的发生。然而相关研究表明,虽然大多数 SPE 表现出良好的热力学稳定性,但是在加入一定量的锂盐后,其热力学稳定性大大降低,仍存在热失控的安全隐患[78]。

2. 固态电池界面的热力学稳定性

虽然大多数无机固态电解质具有优异的热稳定性,但是当与电极材料接触时其热力学稳定性急剧下降[43]。在正极侧,高温热处理过程在一定程度上能改善固-固接触问题,但是会同样加剧界面上的互扩散过程、副反应及电解质材料的热分解等[38]。对于 LAGP 体系负极侧,随着温度的升高,副反应在界面处的持续发生会引起电解质材料释放大量氧气导致剧烈的热失控甚至明火燃烧[79]。但是相比于液态体系,固态电池的安全性有一定程度的提高,其中部分固态电解质体系存在热失控行为等安全隐患,需要进一步研究。

1.4 SPE 的原位制备方法

SPE 通常以聚合物作为基体,掺入易解离的盐制得。SPE 的优势在于良好的力学性能和成膜性,容易与金属锂负极形成稳定的界面[80-82]。但是 SPE 的室温离子电导率较低(约为 10^{-7} S/cm),其聚合物基固态电池一般需要在高温下运行。SPE 离子电导率的提高一般通过添加高介电常数增塑剂来增加锂盐的解离程度;此外,通过添加无机不导电的纳米粒子(纳米效应)和导电的纳米陶瓷粉末制备复合固态电解质可在一定程度上提高其离子电导率,但是依然难以满足高性能固态电池的实际需求。如图 1-4(a)所示,SPE 一般采用传统的非原位制备方法(液态浇铸法),往往需要在一定温度下烘干溶剂,长时间的高温处理过程容易弱化 SPE 中聚合物分子链间的相互作用力,导致电解液析出,造成电池电极与电解质界面的兼容性变差,从而引起电池性能恶化;而且传统涂膜制备工艺对环境具有苛刻的要求,不利于大规模生产[83]。

近年来,基于原位固化/聚合制备 SPE 的方法引起了广泛关注,其原理是将聚合物单体、引发剂(部分反应不需要引发剂)和锂(钠、镁)盐等按一定比例混合均匀后组装电池,电池在一定的外界条件(如热引发、伽马射线等)下引发单体的原位聚合反应,聚合后形成具有三维导电网络结构的固态电解质(凝胶类还需要在引发聚合前加入电解液使之在网状结构的空隙中均匀固化),如图 1-4(b)所示。基于原位聚合的方式可实现电池内部原位聚合,形成连续的导离子网络(尤其是在多孔正极材料侧)。此外,一方面,该原位制备工艺可有效解决现有制膜工艺中出现的聚合物溶解、干燥成膜挥发造成的时间/经济成本高和环境不友好,以及电解液溶胀等问题,更容易实现良好的界面兼容性;另一方面,其对于设备的依赖程度明显减小,生产成本降低,具有较好的应用前景。因此,原位聚合策略在固态电池界面优化方面具有重要的意义与发展前景,但是存在需要额外加入引发剂等外部条件及残余的引发剂对电池性能有一定影响的缺陷。

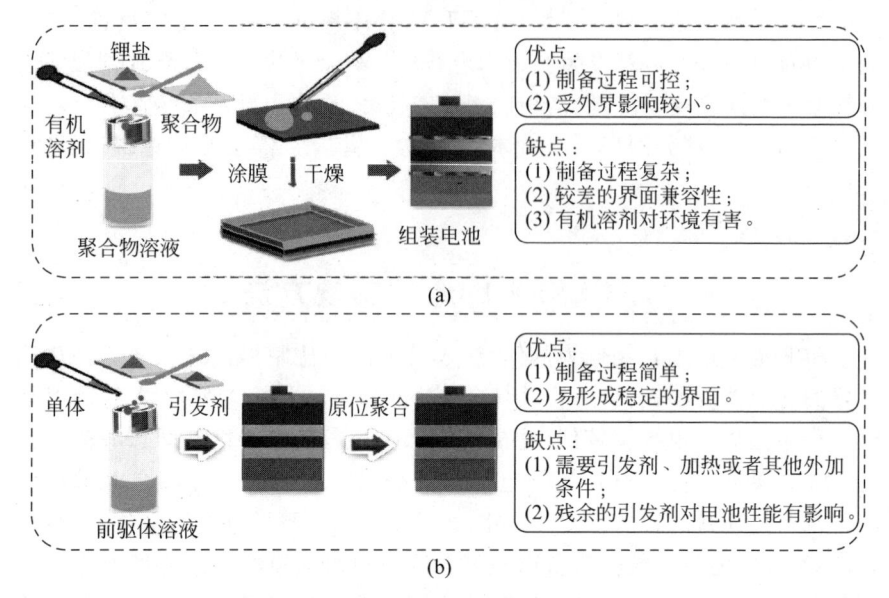

图 1-4 聚合物制备方法优缺点对比

（a）液态浇铸法；（b）原位制备[83]

原位制备 SPE 的方法按照聚合的机理可分为自由基聚合[84-86]、阳离子聚合[87-88]、阴离子聚合[89]、凝胶因子引发聚合[90]及其他原位聚合工艺等[91]。

1.4.1 自由基聚合原位生成 SPE

自由基聚合反应的原理如下：通过自由基引发，基于多次加成聚合反应，打开小分子单体中的双键并依次串接起来形成高分子聚合物。常见的引发方式为利用偶氮类引发剂（如偶氮二异丁腈、AIBN）或者过氧类引发剂（如过氧化二苯甲酰胺、BPO）等并通过热分解、紫外线辐照、高能辐照等产生自由基，引发单体分子的聚合[84]。在电池中，常见的原位 SPE 体系为碳酸亚乙烯酯体系、不饱和离子液体体系及丙烯酸酯体系。由于具有独特的优势，因此该类原位聚合反应在锂离子二次电池准固态/固态 SPE 制备中应用最广泛。但是该类自由基聚合反应受到一定的限制，例如，大部分需要额外引入非电解质单体、引发剂和紫外照射等特殊条件，以及自由基聚合速率较快带来的不充分聚合对电池性能有较大的影响。

1.4.2 阳离子聚合原位生成 SPE

阳离子引发聚合反应的原理如下：一般基于常规电解质材料制备固态或准固态电解质而不需要引入杂质，聚合一般可在温和的条件下实现。常见的阳离子引发剂可分为 Lewis 酸(最常用，包括 $AlCl_3$、PF_5 和 BF_3 等)和质子酸[88]。其聚合特征表现为引发速率快、生成聚合物效率高且形成的聚合物分子分子量较高($10^{-6} \sim 10^{-5}$)，但是聚合反应较难终止。常见的研究体系如下：四氢呋喃(THF)体系、1,3 二氧戊环(DOL)体系，以及氰基聚乙烯醇体系等。目前值得研究的科学问题包括：如何优化阳离子开环聚合过程提高 SPE 的抗氧化能力，从而匹配高压正极材料，进一步提高该类聚合物基固态电池的能量密度；此外，该类反应得到的 SPE 可能对于多硫化物等分子的穿梭效应具有较好的抑制作用，有望应用于锂硫或者有机电池体系。

1.4.3 阴离子聚合原位生成 SPE

阴离子引发聚合反应的原理如下：作为离子聚合反应的一种类型，该类反应主要通过电子给予体(如金属有机物及衍生物、氨基化合物、碱、碱金属及其氢化物等)作为亲核催化剂，引发烯类单体发生聚合反应[89]。相比于自由基聚合，阴离子聚合同样可以在较为温和的条件下发生，并且对环境的适应能力强(对氧和湿气不敏感)，在锂金属二次电池中具有较好的应用前景。

1.4.4 凝胶因子引发聚合生成 SPE

凝胶因子引发聚合反应的原理如下：主要分为有机小分子凝胶因子和无机颗粒溶胶-凝胶反应引发聚合。有机小分子凝胶因子(常见为联苯化合物、糖类衍生物及氨基酸类化合物等)引发聚合是通过基于氢键或 π—π 键等相互作用，利用某些特定有机小分子化合物引发有机溶剂，从而聚集组装成三维网络凝胶结构，得到高离子电导率的分子凝胶聚合物电解质(GPE)，其分子 GPE 的研究仍然处于初步阶段，且其凝胶机制有待进一步研究[90]。而类似于有机小分子凝胶因子聚合，无机纳米粒子可通过溶胶-凝胶过程引发液态溶剂的凝胶化。

1.4.5 其他方法

以上制备 SPE 的方式大部分都是基于引发剂触发聚合反应，因此在实际生产制备过程中必须精确控制引发剂用量及反应时间等参数，制备过程中需把控的因素较多，存在一定的挑战。此外，残余的引发剂对电解质性能也有一定的影响。因此无引发剂原位制备 SPE 在锂金属电池的未来发展中有重要意义。

1.5　本书的研究内容和意义

　　安全性是制约高能量密度电池发展的主要瓶颈，而目前新一代高能量密度锂离子电池大多数使用易泄漏、易燃且电化学不稳定的有机电解液作为电解质，在匹配高压正极材料时存在易燃烧、爆炸等安全隐患，固态锂金属电池由于具有高能量密度及高安全性很可能成为下一代锂电池，而固态电解质是其中的关键技术。然而，目前固态锂金属电池在应用中存在固态电解质室温离子电导率普遍偏低，以及电极与电解质之间界面兼容性较差等科学问题，尤其是较差的界面兼容性是限制其应用的主要因素。本书基于原位聚合技术，结合电解质结构与功能化设计，通过研究电极与电解质界面上的离子运输过程及界面材料和结构的演变规律，优化了其界面兼容性，获得了高安全性电极与电解质界面，并通过提高电解质的阻燃性及拓宽其电化学窗口，提高了电池安全性；通过有效调控锂离子的沉积行为，较好地抑制锂枝晶的形成和生长，从而突破了固态电池中临界电流密度受限的情况，最终获得了具有高安全性、长循环寿命及高能量密度的固态锂金属电池。本书拟开展如下几方面研究。

　　(1) 腈类塑晶复合电解质在固态电池中界面修饰的应用研究：针对循环过程中 $Li_{1.5}Al_{0.5}Ge_{1.5}(PO_4)_3$ (LAGP) 与金属锂界面兼容性差的问题，基于"刚柔并济"的策略，设计三维连续导离子网络的超导型腈类复合柔软界面修饰层，拟通过利用丁二腈(SN)在室温固化的方法原位构建出 LAGP 对锂金属稳定的低阻抗 SN-LLZO 基复合电解质界面。拟开展该界面修饰层对锂金属电池兼容性、稳定性影响的研究，同时考察改性后，修饰层对其全电池在室温和高温下电化学性能的影响。

　　(2) 自愈合 Janus 界面在固态电池中的构建及其电化学机理研究：针对循环过程中电极材料体积膨胀引起界面失效而导致电池容量快速衰减的现状及存在的安全隐患，拟利用紫外聚合的手段在 LAGP 电解质正负极侧"因材施教"，分别构建具备自修复特性和高阻燃性的 Janus 界面。针对离子液体基自愈合界面对锂离子沉积行为的影响，拟综合考察 Janus 界面在 LAGP 基锂金属全电池中的作用及行为机制。

(3) 醚基聚合物电解质(Poly-DOL 基 GPE)在锂金属固态电池中的应用及性能研究：针对醚类液态电解质存在易被氧化的问题，以及锂枝晶生长带来的安全隐患，拟利用阳离子原位开环聚合及在锂金属表面硝化预处理的协同作用，拓宽 DOL 的电化学窗口，且利用以上"双管齐下"策略调控电解质与电极材料的界面兼容性。拟探讨 Poly-DOL 基 GPE 的原位聚合机理，以及其与电极材料的界面兼容性，并深入研究不同商业化正极材料全电池的电化学行为。

(4) 高锂离子迁移数的醚基共聚物(ECP 基 GPE)电解质制备及其快充性能研究：针对固态电池中临界电流密度受限及倍率性能较差的问题，拟采用阳离子原位开环聚合技术制备出具有高锂离子迁移数的 ECP 基 GPE，在电极材料与电解质界面形成均匀的电场，并采用多种手段综合考察该类 SPE 中锂离子扩散与沉积行为特征，并探究搭载限量锂金属负极的固态电池在大倍率/匹配高负载正极材料条件下的电化学性能。

第 2 章 研 究 方 法

本章内容主要包括实验材料和实验设备,以及对电化学过程表征方法的介绍。

2.1 实验试剂和原料

实验试剂和原料如表 2-1 所示。

表 2-1 实验试剂和原料

名 称	规格	生产厂家
LAGP 陶瓷纳米粉体	分析纯	合肥科晶有限公司
硝酸锂($LiNO_3$)	分析纯	Sigma-Aldrich 公司
六水硝酸氧锆($ZrO(NO_3)_2 \cdot 6H_2O$)	分析纯	麦克林公司
六水硝酸镧($La(NO_3)_3 \cdot 6H_2O$)	分析纯	麦克林公司
九水硝酸铝($Al(NO_3)_3 \cdot 9H_2O$)	分析纯	麦克林公司
聚乙烯吡咯烷酮(PVP,$M_w=1\,300\,000$)	分析纯	Sigma-Aldrich 公司
N,N-二甲基甲酰胺(DMF)	化学纯	阿拉丁试剂(上海)有限公司
冰乙酸	化学纯	阿拉丁试剂(上海)有限公司
丁二腈(SN)	分析纯	Sigma-Aldrich 公司
氟代碳酸乙烯酯(FEC)	分析纯	多多试剂
双三氟甲磺酰亚胺锂(LiTFSI)	分析纯	多多试剂
六氟磷酸锂($LiPF_6$)	分析纯	多多试剂
2-羟基-2-甲基丙酚(HMPP)	分析纯	Sigma-Aldrich 公司
聚合季戊四醇四丙烯酸酯(PETEA)	分析纯	Sigma-Aldrich 公司
双氟磺酰亚胺锂(LiFSI)	分析纯	多多试剂
偶氮二异丁腈(AIBN)	分析纯	Sigma-Aldrich 公司
1,3-二氧戊环(DOL)	分析纯	多多试剂
四氢呋喃(THF)	分析纯	多多试剂

续表

名　　称	规格	生产厂家
1-乙基-3-甲基咪唑双三氟甲磺酰亚胺盐（EMITFSI）	分析纯	Sigma-Aldrich 公司
2-氨基-4-羟基-6-甲基嘧啶	分析纯	Sigma-Aldrich 公司
二甲基亚砜(DMSO)	化学纯	阿拉丁试剂（上海）有限公司
丙酮	化学纯	阿拉丁试剂（上海）有限公司
无水乙醇	化学纯	阿拉丁试剂（上海）有限公司
2-异氰酸酯-甲基丙烯酸乙酯	分析纯	Sigma-Aldrich 公司
Celgard 2240 电池隔膜	电池专用	深圳市星源材质科技股份有限公司
玻璃纤维隔膜	电池专用	英国沃特曼公司
导电炭黑(Super-P)	电池专用	特密高石墨有限公司
聚偏氟乙烯(PVdF)	电池专用	阿科玛化学有限公司
磷酸铁锂($LiFePO_4$)	电池专用	深圳市比克电池有限公司
钴酸锂($LiCoO_2$)	电池专用	东莞市安德丰电池有限公司
锰酸锂($LiMn_2O_4$)	电池专用	东莞市安德丰电池有限公司

2.2　实验设备和装置

实验设备和装置如表 2-2 所示。

表 2-2　实验设备和装置

设备和装置	规　　格	生产厂家
静电纺丝仪	SS-2535	北京永康乐业科技发展有限公司
高精度分析天平	XS	梅特勒-托利多股份有限公司
马弗炉	KSL-1800-X	合肥科晶有限公司
鼓风干燥箱	DLH	上海精宏实验设备有限公司
15T 手动压片机	YLJ-15T-LD	合肥科晶有限公司
行星式球磨机	4L	南京南大仪器有限公司
Land 测试系统	Land 2001A	武汉蓝电电子有限公司
电化学工作站	VMP3	Bio-Logic 公司
手套箱	Tb170b	布劳恩公司

2.3 非电化学表征设备及原理

2.3.1 固态电解质化学表征

X 射线光电子能谱技术(XPS,VersaProbe Ⅱ,PHI)被用来表征样品表面、电极与固态电解质界面化学结合状态的变化。傅里叶变换红外光谱(FTIR,MDTC-EQ-M13-01)和拉曼光谱(LabRAM HR 800)用来检测固态电解质结构及成键的特征。核磁共振谱(NMR,Bruker DRX-500)用来鉴定 SPE 中的原子环境变化。

2.3.2 微观形貌表征

实验中采用场发射扫描电子显微镜(FE-SEM,Hitachi SU-8010)、透射电子显微镜(TEM,FEI F30)及原子力显微镜(AFM,Brucker Dimension Icon)检测电极材料颗粒、固态电解质表面形貌、电极表面 SEI 膜、正极电解质界面(CEI)膜等表面粗糙度的变化情况,以及电解质中锂离子沉积行为特征。

2.3.3 X 射线衍射物相表征

实验中采用 X 射线粉末衍射仪分析(XRD,Rigaku D/max 2500/PC)检测电解质的物相组成、晶体结构,其中入射光为 Kα 线($\lambda=0.154$ nm),铜靶,扫速为 $10°/\min$,扫描角度(2θ)范围为 $10°\sim70°$。

2.3.4 热力学表征

实验中采用热重分析仪(TGA,STA 449 F3)分析电解质样品的热力学稳定性,根据将温度升到一定时电解质样品的失重变化情况来判断其热稳定性。燃烧测试用来评判电解质样品的阻燃性。

2.3.5 力学性能表征

SEI/CEI 膜的杨氏模量等力学性能通过 AFM 对其力-位移曲线进行测试来表征。

2.4 电化学表征方法及原理

2.4.1 电导率表征

LAGP 无机电解质的离子电导率首先通过在烧结好的 LAGP 陶瓷片表面涂覆导电银浆,然后在鼓风烘箱中烘干后利用电化学交流阻抗(EIS)法测得。SPE 的离子电导率通过夹在两片不锈钢惰性电极之间组装成的扣式电池,同样利用 EIS 进行测试。其中通过将电解质样品置于恒温箱中,然后分别测试不同温度下保温 30 min 后的离子电导率,以此得到离子电导率随温度的变化情况。测得的电解质体阻抗(R_b)与离子电导率的关系可以通过式(2-1)得到:

$$\sigma = \frac{l}{R_b S} \tag{2-1}$$

其中,l 表示所测电解质样品的厚度;S 表示工作电极的面积。

2.4.2 离子迁移数表征

实验中采用 Abraham 等提出的恒电流极化与电化学阻抗法相结合的方法测试 SPE 的锂离子迁移数,其中工作电极和对电极均为锂片,需要测试的电解质样品作为隔膜组装 CR2032 型扣式电池,然后利用 VMP3 电化学工作站分别测试恒电位(10 mV)及极化前后电池的电化学阻抗,同时记录初始状态和达到稳态时恒电压条件下的电流,并通过式(2-2)得到电解质的锂离子迁移数:

$$t_{Li^+} = \frac{I_{ss}(\Delta V - I_0 R_0)}{I_0(\Delta V - I_{ss} R_s)} \tag{2-2}$$

其中,I_{ss} 和 I_0 分别表示稳态电流和初始响应电流;R_0 和 R_s 分别表示电解质与电极极化前后的界面阻抗。

2.4.3 固态锂金属电池装配

在充满氩气的手套箱中原位组装 CR2032 型扣式电池,以评估 SPE 在固态电池中优化电极与电解质界面兼容性的作用。其组装步骤如下:首先利用流延法准备好正极极片,负极采用常规锂片(约为 450 μm)或者采用滚压法准备较薄的锂片(50~100 μm),此外厚度约为 20 μm 的薄锂片通过在

Li||Cu 电池中在 0.5 mA/cm 电流密度下沉积 8 h 得到；然后开始组装扣式电池，依次放入负极壳、弹片、垫片、负极、电解质材料（或 SPE 前驱体溶液）、正极、垫片、正极壳，随后进行封装；最后将电池放置在特定环境（如烘箱中加热）下引发原位聚合反应。

2.4.4　固态锂金属电池表征

固态锂金属电池的电化学性能通过恒电流充放电的方法，在一定电压范围内及不同电流密度下，采集其 Li||Li 对称电池充放电曲线及循环寿命、Li||Cu 半电池的库仑效率、锂沉积行为特征及充放电曲线极化电压变化、全电池的循环及倍率性能。所有的电化学性能测试都是在 LAND-CT2001A 测试系统中完成的。

第3章 腈类塑晶复合电解质在固态电池界面修饰中的应用研究

3.1 本章引言

固态锂金属电池很有可能成为下一代锂电池，因为传统有机液态锂离子电池不仅受限于其能量和功率密度，而且面临由有机液态电解质带来的安全隐患问题，如由泄漏引起的着火或者爆炸[92]。因此匹配锂金属负极的固态电池体系有望解决以上安全隐患和受限的能量密度问题。然而，刚性的固-固接触引起电解质与电极界面的锂离子传输性能较差，导致固态电池的倍率性能差，限制了其商业化应用。

电解质与电极的界面问题影响其固态电池的倍率性能和循环性能，界面处较差的物理接触和低的离子传导性能引起高界面阻抗，大大限制了其临界电流密度的提高。此外，电极与电解质界面上的化学-电化学兼容性决定了电池的循环性能，这是由于界面副反应容易引起电解质材料的持续消耗，会在界面处形成离子电导率较差的副反应产物，导致界面阻抗较大，电池性能衰退。国内外很多学者提出了诸多方法来降低界面阻抗，优化界面兼容性。一方面，为了缓解固-固刚性点接触的问题，很多有效的解决思路被提出，例如，少量液态电解质的添加[93]、柔软界面层修饰（如 GPE）的构建[94-95]、锂金属热处理[96]、高压处理[97]及无机陶瓷表面抛光处理[98-99]。另一方面，合金反应[100-102]、SPE 聚合过程、相转变反应[103]或者其他反应[104-105]可以减小界面阻抗。然而，现在大多数界面修饰层的机械性能较差，对锂枝晶的抑制效果不好。在无机陶瓷电解质与电极界面找到合适的界面修饰层是一个值得继续探索的重要方向。

固态电解质在固态电池中起着十分关键的作用。在各种无机电解质体系中，NASICON 型电解质因在空气中具有优异的稳定性、良好的离子导电性（$10^{-4} \sim 10^{-3}$ S/cm）、较宽的电化学窗口（高达 6 V）[106]受到广泛关注。除了受固-固刚性界面接触的限制外，LAGP 体系最大的问题就是其组分中

包含的 Ge^{4+} 容易被金属锂还原,在界面形成不利于锂离子传导的副反应产物,从而引起界面阻抗增大[107]。一些界面修饰策略被用来缓解以上界面问题,尤其是缓解界面的离子传导问题。Zhou 等[108]通过磁控溅射的方法在 LAGP 表面溅射了一层无定形 Ge 金属薄膜,有效地抑制了副反应并增强了陶瓷表面的浸润性,然而磁控溅射具有成本较高及工作条件比较苛刻等缺点。最近,在陶瓷电解质两侧设计 GPE 的三明治结构在一定程度上实现了低界面阻抗和电池性能的改善,然而 GPE 修饰层的机械性能和室温离子电导率较低[94,109],限制了其商业化应用。

本章在锂负极表面设计了超导离子塑晶复合电解质修饰层,利用 SN 的性质在双(三氟甲基磺酰亚胺)锂(LiTFSI)掺杂的 SN 体系中添加 LLZO 纳米线,搅拌均匀后在金属锂与 LAGP 界面原位固化形成了一层具有三维导离子网络结构的塑晶复合界面修饰层,该修饰层具有以下 3 个优势:有利于低阻抗稳定界面的形成、三维导离子网络结构的构建及 LAGP 与锂负极副反应的有效抑制。匹配 LFP 的固态电池在室温、0.1 C 下具有约 152.5 mA·h/g 的比容量,此外,固态电池在 40 ℃、0.5 C 电流密度下的首圈放电比容量约为 168.4 mA·h/g,并且循环 100 圈后容量保持率约为 93.17%。本研究为固态锂金属电池中稳定的界面结构设计提供了一种新的思路。

3.2 实 验 部 分

3.2.1 LAGP 固态电解质的制备

LAGP 陶瓷粉体购买于合肥科晶有限公司,LAGP 陶瓷片采用传统固相反应烧结法制备[108]。首先称量 0.08 g 纳米陶瓷粉体在 2 MPa 压力下形成直径为 13 mm 的陶瓷片;然后在鼓风烘箱中于 80 ℃静置 12 h,以除去陶瓷片中的残余应力及水分;最后在马弗炉中于空气氛围下 850 ℃烧结 12 h 得到致密的固态电解质陶瓷片。

3.2.2 塑晶复合电解质材料的制备

采用溶胶-凝胶混合溶液[110]通过电纺制备出 $Li_{6.28}La_3Zr_2Al_{0.24}O_{12}$ (LLZAO)纳米线,硝酸锂(99.0%)、六水硝酸镧(99.99%)、六水硝酸氧锆按一定的化学计量比依次溶解在冰乙酸、N,N-二甲基甲酰胺(DMF)混合溶液中，其中聚乙烯吡咯烷酮(PVP, $M_w = 1\,300\,000$)作为表面活性剂，其混合溶液在常温下搅拌 12 h。10%(以质量计)硝酸锂的过量添加用来弥补高温烧结过程中丢失的锂，此外九水硝酸铝(99.0%)用来掺杂 LLZAO 提高其离子电导率。注意，电纺过程中施加的高压为 20 kV，同时保持接收器与电纺针头的距离为 15 cm。电纺得到的纳米线在 280℃下预氧化 2 h 除去有机溶剂，然后在马弗炉中在 200℃下热处理 2 h，升温速率为 1.0℃/min。

准备好 SN(不小于 99.0%)、氟代碳酸乙烯酯(FEC, 99%)和 LiTFSI (不小于 99.99%)等材料，在使用之前将 LiTFSI 在真空烘箱中 140℃热处理 24 h。SN 材料在 70℃下融化得到透明溶液，然后在透明溶液中加入不同摩尔分数的 FEC，确定最佳 FEC 添加量。在此基础上，因为 SN 材料本身的导离子性能较差，因此不同摩尔分数的 LiTFSI 溶解在上述混合溶液中，通过掺杂来提高该塑晶材料的离子电导(d-SN)。最佳 FEC 和锂盐掺杂量得到确定后，在混合溶液中加入 5%(以质量计)的 LLZAO 纳米线，并在手套箱中高温(70℃)搅拌 4 h 得到所需要的腈类塑晶复合电解质前驱体(l-SN)。

3.2.3 LAGP 基固态锂金属电池的装配和表征

塑晶复合电解质所有的电化学性能都是通过组装 CR2032 型扣式电池进行测试的。离子电导率是通过电化学工作站 VMP-300 进行阻抗谱测试得到的，其中测试频率为 7 MHz 到 0.01 Hz，激励电压为 10 mV。该复合电解质的电化学窗口是通过 LSV 测试得到的，测试电位范围为从开路电位到 6 V(Li/Li$^+$)，扫描速率为 1 mV/s。

将 LAGP 陶瓷片放置在两块薄锂片之间组装成对称锂电池。在电池封装之前，分别在锂负极与 LAGP 界面处滴加 5 μL l-SN/d-SN 或者 10 μL 液态电解质修饰界面，整个组装过程在加热台上(70℃)完成(见图 3-1)。组装好的电池然后被静置 12 h 待固化完成。对称电池用来研究不同体系下的界面稳定性和不同电流密度下的极化过程。采用同样的方法在加热台上组装 LFP 基固态电池。为了更好地浸润正极侧，实验中向正极与 LAGP 界面处滴加 10 μL l-SN 前驱体材料。循环性能的测试电压范围为 2.8～4.0 V，且分别在常温和 40℃条件下测试不同电流密度下的倍率性能。所有的电化学测试都是在 LAND-CT2001A 电池测试系统上完成的。

图 3-1 塑晶复合电解质的合成及在电池中的应用

3.3 塑晶复合电解质材料的结构及电化学性能表征

如图 3-2 所示,塑晶复合电解质在 70℃下以透明无色的形态存在,当温度降到室温时,该混合物开始固化。由图 3-2(a)可以看出,为了保证塑晶电解质能在常温下固化,以及保持尽可能高的离子电导率,最佳的 FEC 添加量和锂盐掺杂量分别为 10%(以体积计)和 0.2 mol/L,并在掺杂的混合物中加入 5%(以质量计)的 LLZAO 纳米线。添加 FEC 主要是为了在锂金属表面形成一层 SEI 保护膜来稳定锂负极。因为 SN 本身对金属锂不稳定,在电压高于 3 V 时会发生分解反应,而掺杂后有助于扩宽 SN 的电化学窗口(超过 5 V),如图 3-2(c)所示。XRD 用来研究塑晶复合电解质材料和 LAGP 陶瓷片、LLZAO 纳米线的晶体学特征,如图 3-2(b)所示,LAGP 陶瓷片和 LLZAO 纳米线的主要衍射峰和标准的 NASICON 型 $LiGe_2(PO_4)_3$ 及纯立方相 LLZAO 结构分别相吻合[111-112]。所有塑晶复合电解质材料的 XRD 峰较好地体现了塑晶材料的特征,并且随着 LLZAO 纳米线的添加,塑晶材料的晶体强度逐渐增强[113]。此外,如图 3-2(d)所示,少量 LLZAO 纳米线的添加对塑晶电解质离子电导率有显著的提高作用(室温下 l-SN 体系:约为 2.09×10^{-4} S/cm;d-SN 体系:约为 1.7×10^{-4} S/cm)。电纺得到的 LLZAO 纳米线形貌如图 3-2(e)所示。

拉曼光谱和红外光谱被用来分析不同塑晶电解质材料体系中各组分与 SN 之间的相互作用。如图 3-3(a)所示,LiTFSI 的掺杂对 SN 的拉曼光谱曲线没有影响,而 LLZAO 纳米线的添加提高了其晶体强度。在 2980 cm^{-1} 和 2247 cm^{-1} 位置的峰分别属于 CH_2、$C\equiv N$ 键的弯曲振动[114],其他在 1510 cm^{-1}、1121 cm^{-1}、810 cm^{-1} 位置的峰分别属于 CH_2 弯曲、CH_2 摇摆和 C—C—C 弯曲模式[115]。图 3-3(b)展示了纯 SN 和复合 SN 材料的红外光谱,在 765 cm^{-1}(CH_2 摇摆、反式)、822 cm^{-1}(CH_2 弯

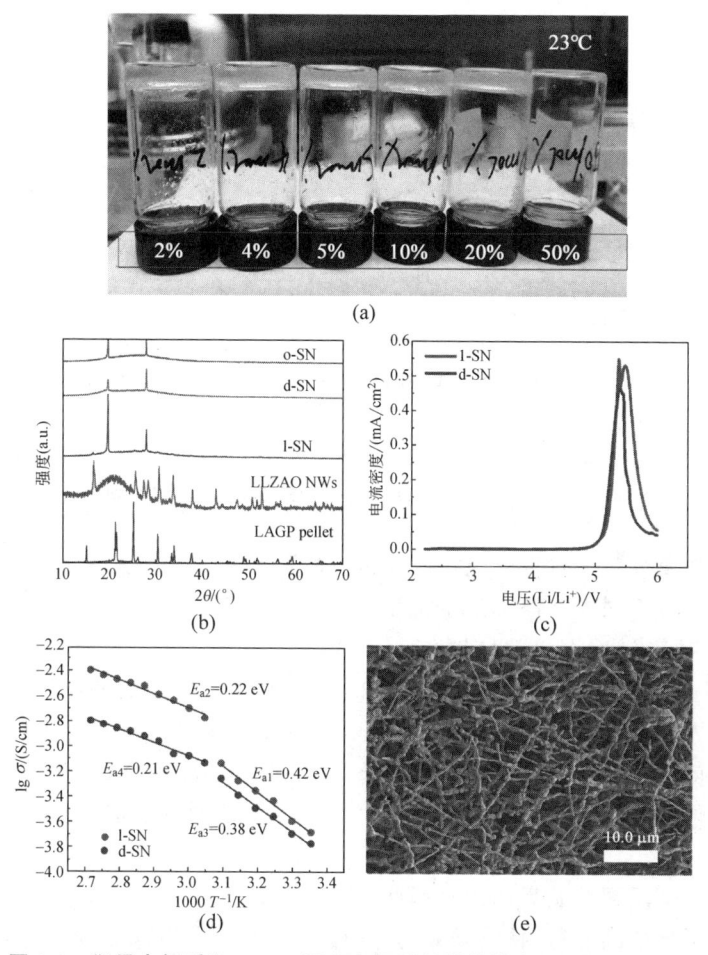

图 3-2　塑晶电解质和 LAGP 固态电解质材料性能表征（见文前彩图）

(a) 在室温下添加 10%（以体积计）FEC 的 SN 体系在不同摩尔分数锂盐掺杂下的光学图像；(b) 不同电解质材料的 XRD 图像；(c) 掺杂塑晶电解质材料的电化学窗口；(d) 25～95℃下不同电解质体系锂离子电导率随温度的变化,实线为阿伦尼乌斯拟合结果；(e) LLZAO 纳米线的 FE-SEM 形貌

曲、Gauche)、912 cm^{-1}（C—CN 拉伸、反式)、956 cm^{-1}（C—CN、Gauche)、1001 cm^{-1}（CH$_2$、Gauche)、1424 cm^{-1}（CH$_2$ 拉伸、反式)、2256 cm^{-1}（C≡N 拉伸、Gauche 和反式)和 2990 cm^{-1}（C—H、拉伸 Gauche 和反式)处特征峰的出现与文献中报道的结果相吻合[116-117]。随着 LLZAO 纳米线的添加,在 3564 cm^{-1} 和 1479 cm^{-1} 处出现另外两个新的峰,这可能是 LLZAO 中 La 原子与 N 原子相互作用的结果[118]。

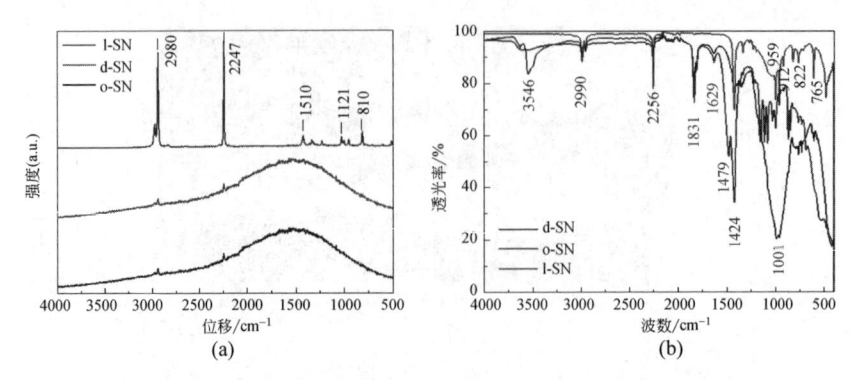

图 3-3 不同塑晶电解质材料体系的拉曼光谱(a)和红外光谱(b)(见文前彩图)

3.4 金属锂负极侧的界面稳定性研究

本节通过测试对称电池在恒温箱中静置不同时间后的电化学阻抗来反映金属锂与不同界面修饰层的界面兼容性,如图 3-4 所示。LAGP 电解质与金属锂接触时是不稳定的,LAGP 中高价的 Ge^{4+} 容易被金属锂还原[119],因此界面阻抗的变化可以有效地反映界面修饰层的修饰作用。没有进行界面修饰时(Li|LAGP|Li),固-固界面的刚性接触引起界面阻抗高达 2.5 kΩ,随着电池静置时间的延长,界面阻抗迅速增大,即在静置 240 h 后界面阻抗增大为 35 kΩ。文献报道在该界面处形成了混合(离子/电子)导电膜,导致金属锂与 LAGP 发生持续反应[107]。少量液态电解质的滴加可改善与金属锂初始界面的浸润性(从 2.5 kΩ 降到 250 Ω),然而却无法阻止界面副反应的进行,持续增大的界面阻抗证明了即使滴加电解液,副反应仍然会持续发生。对于 Li|l-SN|LAGP|l-SN|Li 和 Li|d-SN|LAGP|d-SN|Li 体系的初始界面阻抗分别为 125 Ω 和 200 Ω。低界面电阻说明了在锂金属与 LAGP 界面原位固化构建塑晶复合界面修饰层的可行性,保证了界面的连续接触,然而在没有添加 LLZAO 纳米线的体系中,电池在静置 240 h 后界面阻抗有增大的趋势(接近 1500 Ω);相反,在 l-SN 体系中,三维锂离子导电网络的构建实现了良好的兼容性界面,如图 3-4(d)所示,240 h 后较小的界面阻抗证明了 LLZAO 纳米线在抑制副反应和形成稳定界面方面起着关键作用。

为了进一步验证 l-SN 基塑晶电解质修饰层的作用,本研究通过 FE-SEM 观察了静置 240 h 后锂金属和 LAGP 的表面形貌,如图 3-5 所示。显然,在

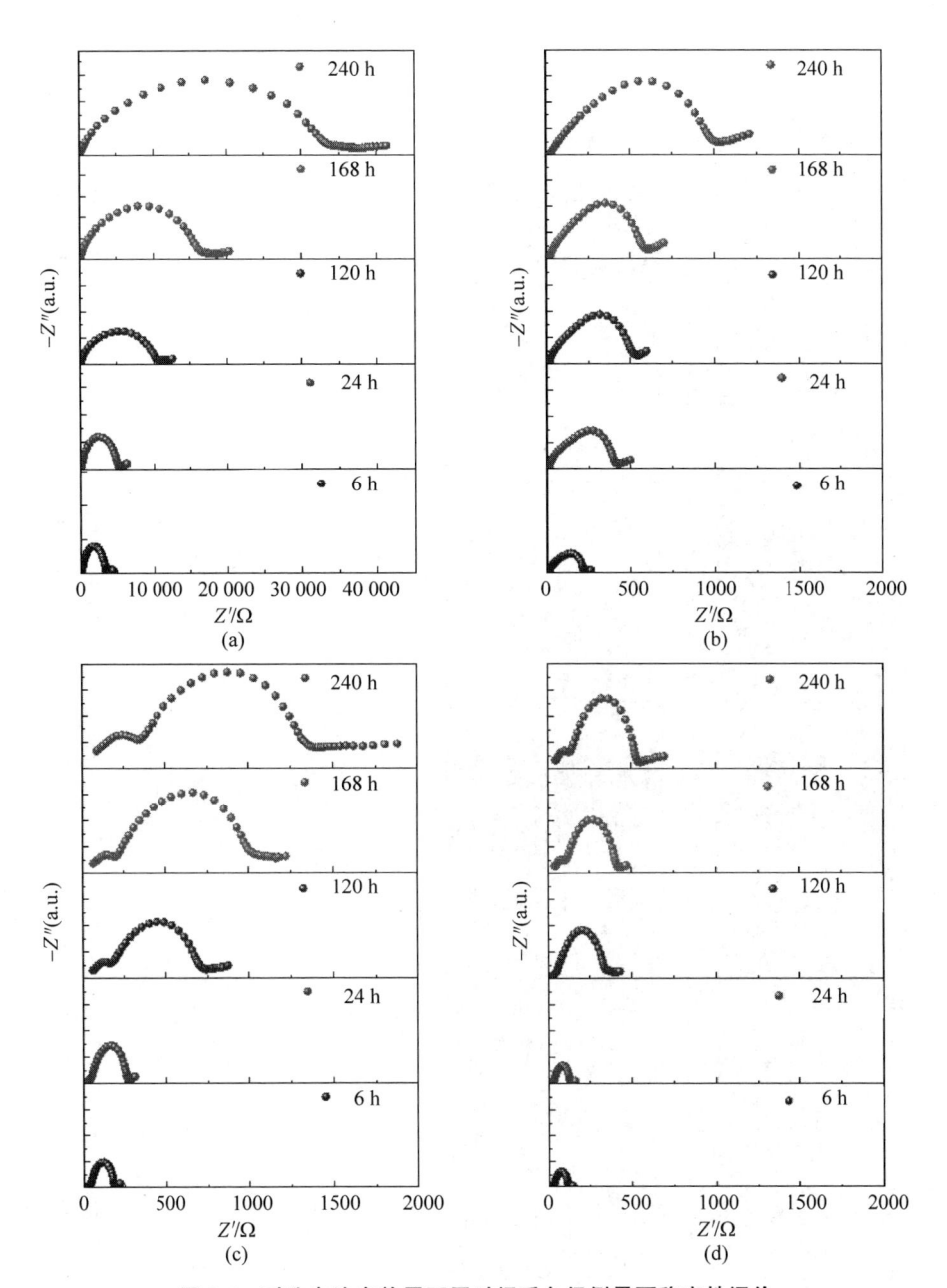

图 3-4 对称电池在静置不同时间后负极侧界面稳定性评价

(a) Li|LAGP|Li; (b) Li|LE|LAGP|LE|Li;
(c) Li|d-SN|LAGP|d-SN|Li; (d) Li|l-SN|LAGP|l-SN|Li

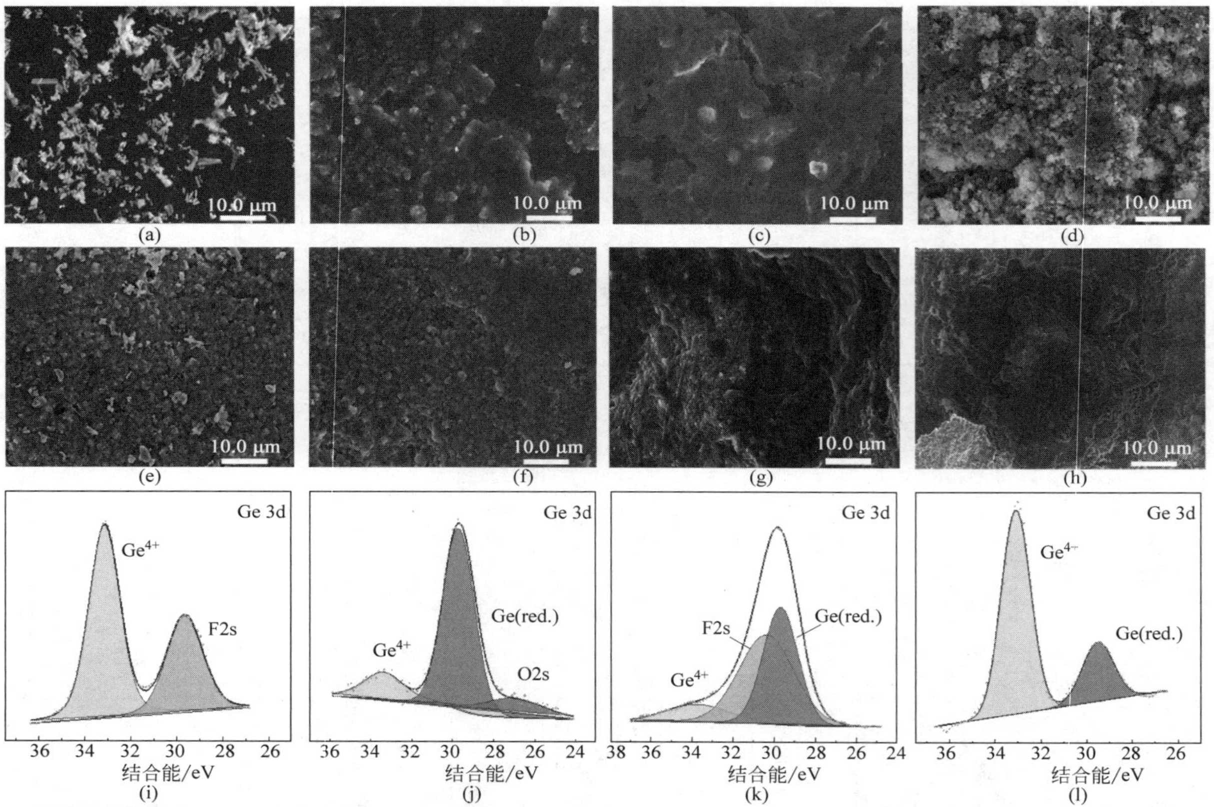

图 3-5 不同界面修饰层作用下对称电池静置 240 h 后 Li 金属表面(a~d)和 LAGP 表面(e~h)的 FE-SEM；LAGP 表面 Ge 3d 峰的 XPS 分析(i~l)（从左至右依次为 Li|I-SN|LAGP|I-SN|Li、Li|d-SN|LAGP|d-SN|Li、Li|LE|LAGP|LE|Li 和 Li|LAGP|Li 半电池）

l-SN 界面修饰层的作用下,锂金属表面光滑且没有死锂沉积在 LAGP 陶瓷片表面,足以说明该修饰层有效地避免了金属锂与 LAGP 电解质的直接接触。同时在 d-SN 体系中,在金属锂表面和 LAGP 陶瓷片表面都观察到了少量的副反应产物,其腐蚀程度远小于 Li|LAGP|Li 和 Li|LE|LAGP|LE|Li,因为在这两个体系中发现了很厚的副产物沉积,与对称电池在静置不同时间后的阻抗变化规律一致。为了得到更全面的表面化学信息,本研究对样品 LAGP 陶瓷表面进行了 XPS 分析,如图 3-5(i)~(l)所示。测试发现,除 l-SN 体系外,其他 3 个体系下的 LAGP 陶瓷片表面均出现了结合能大约为 29.3 eV 的 Ge 3d 峰,即在这些陶瓷片表面发生了还原反应($Ge^{4+} \longrightarrow Ge^{x+}$)。XPS 的分析结果进一步证明了 LLZAO 纳米线在稳定界面过程中发挥着关键作用。

3.5 LAGP 基固态电池的电化学性能

图 3-6 为固态电池在室温下的电化学性能。本节通过对电流密度分别为 0.05 mA/cm^2 和 0.1 mA/cm^2 的对称锂电池在室温下进行恒电流的反复充放电测试(单次充/放电时间为 2 h),进一步分析了不同修饰界面层对 LAGP 电解质与锂负极界面稳定性的影响。没有进行界面修饰的对称电池在 0.05 mA/cm^2 下循环 74 h 后由于界面阻抗过大而发生开路,主要原因是电池在循环过程中界面副产物的积累和锂负极的体积膨胀引起电极与电解质界面脱离。10 μL 液态电解质的引入在一定程度上改善了初始界面的物理接触,但在 0.1 mA/cm^2 下循环 90 h 后出现了电池内短路,可以归因于界面处锂枝晶和死锂的形成[107]。在相同情况下,对于通过 d-SN 塑晶导电层修饰的对称电池,其在 0.1 mA/cm^2 的电流密度下的循环寿命可以延长到 120 h。d-SN 塑晶导电层受压易变形导致金属锂与 LAGP 陶瓷片的接触不连续,在界面某些位置仍会发生副反应。而 LLZAO 纳米线的加入,降低了 Li|l-SN|LAGP|l-SN|Li 半电池的极化电压(50 mV 左右),且在同样的电流密度下可以稳定循环 240 h,说明实现了稳定界面的构建。l-SN 修饰层良好的离子电导实现了界面上锂的均匀沉积,由此可以推断 LLZAO 纳米线的引入实现了锂金属与 LAGP 完全的物理隔离和界面处三维离子导电网络的构建。

Zhang 等[120]提出,LLZAO 纳米线可以作为再分配器调节锂离子的传输,为无枝晶锂沉积提供均匀的锂离子分布。因此,FE-SEM 被用来表征循

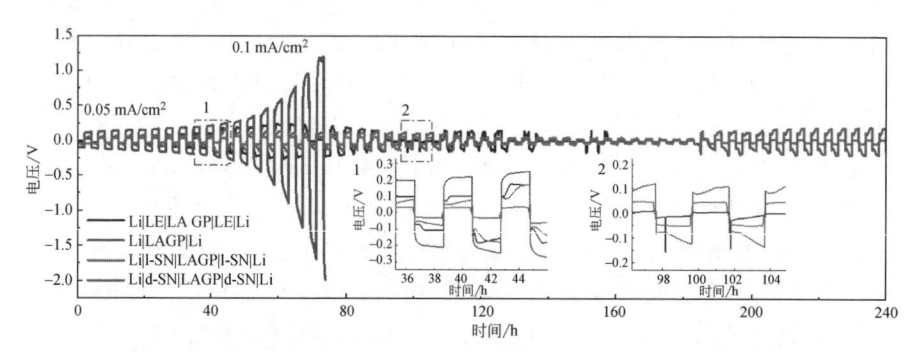

图 3-6 对称电池在室温时,$0.1\ mA/cm^2$、$0.1\ mA \cdot h/cm^2$ 测试条件下锂离子的电镀/剥离曲线(见文前彩图)

环后对称电池中锂金属和电解质表面的形貌,在 l-SN 塑晶复合电解质的修饰作用下,锂金属表面致密光滑且 LAGP 表面上几乎没有死锂形成,这表明,该体系中存在均匀的锂电镀/剥离过程。相反,在其他 3 个体系中,锂金属和 LAGP 陶瓷片表面存在明显的锂枝晶和由于电极体积膨胀引起的裂纹及厚且疏松的死锂(见图 3-7)。为了进一步验证界面修饰层的保护效果,本节对循环后的 LAGP 表面进行了 XPS 分析,如图 3-8 所示。研究发现,SN 的 N 原子对金属锂有很强的亲和力,虽然在 d-SN 导电材料中加入 FEC 加强了对锂金属的保护作用,但是由 XPS 结果可知,FEC 的添加并不能够完全阻止界面反应的发生(见图 3-8(j)),在 Ge 3d 谱中新出现的 29.2 eV 峰验证了这一结论。添加 LLZAO 纳米线的塑晶复合电解质修饰层可以完全阻止界面反应的发生,这与之前的电化学结果一致。

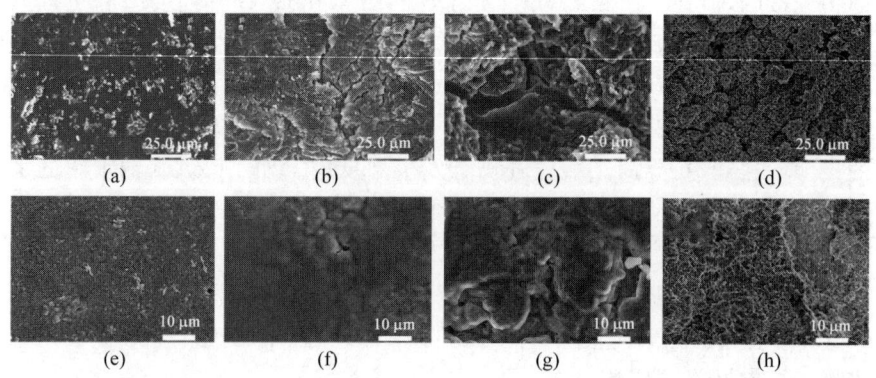

图 3-7 对称电池在静置 240 h 后,锂金属(a)~(d)与 LAGP 陶瓷片(e)~(h)的表面形貌分析
从左至右依次为 Li|l-SN|LAGP|l-SN|Li、Li|d-SN|LAGP|d-SN|Li、
Li|LE|LAGP|LE|Li 和 Li|LAGP|Li 半电池

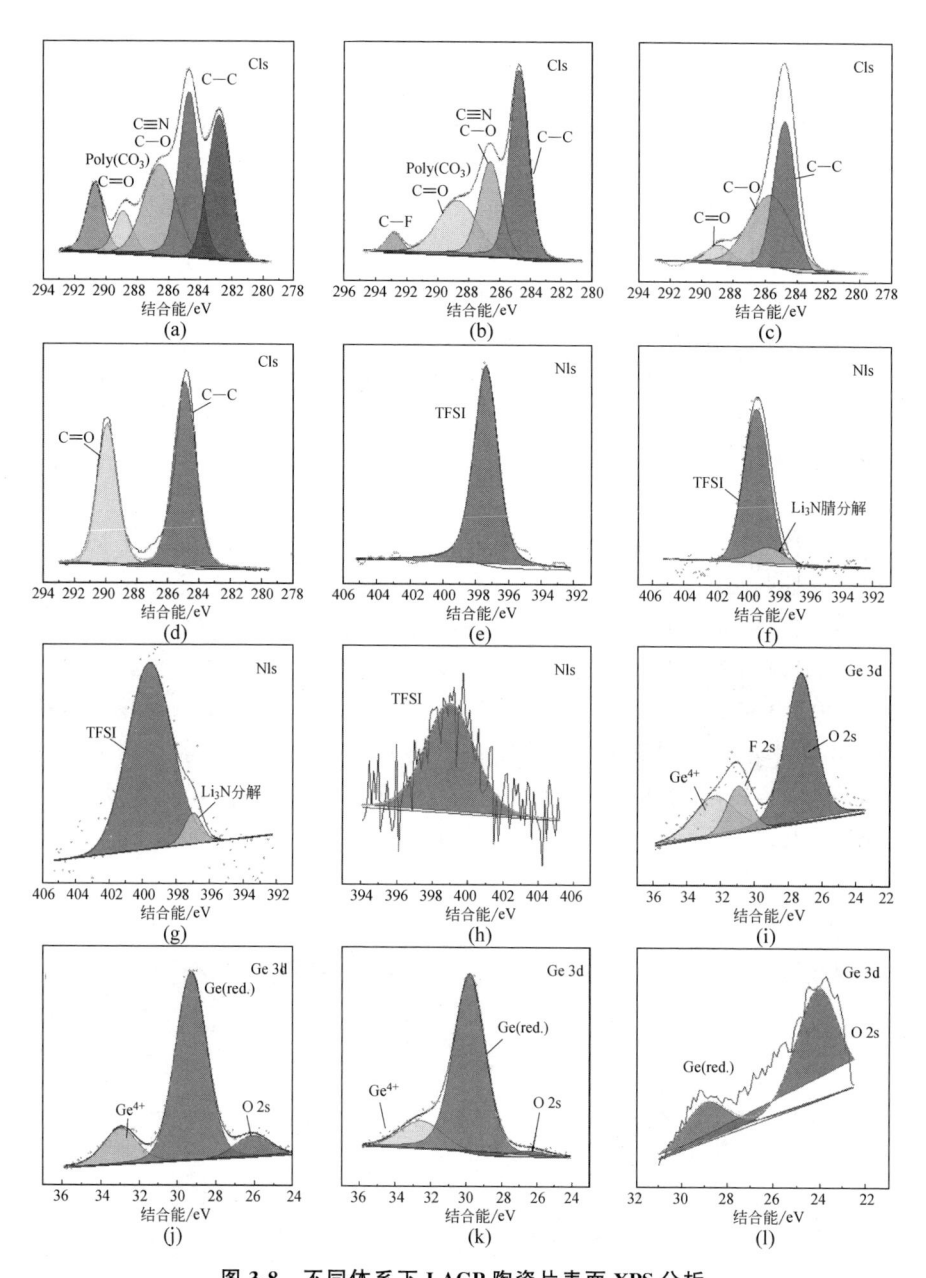

第 3 章 腈类塑晶复合电解质在固态电池界面修饰中的应用研究   35

图 3-8 不同体系下 LAGP 陶瓷片表面 XPS 分析

(a)(e)(i) Li|l-SN|LAGP|l-SN|Li；(b)(f)(j) Li|d-SN|LAGP|d-SN|Li；
(c)(g)(h) Li|LE|LAGP|LE|Li；(d)(h)(l) Li|LAGP|Li 半电池

为了进一步验证该塑晶复合电解质界面修饰层的优势，本章对固态全电池在室温下的性能进行了表征，如图 3-9(a)~(d)所示。本研究为了提高 LAGP 陶瓷片正极侧的界面离子传导性能，在正极侧构建内部离子网络通道，将 10 μL 的塑晶电解质滴到二者界面上，固态电池的 EIS 结果如图 3-9(a)所示，l-SN 和 d-SN 基全电池的阻抗分别为 471 Ω 和 640 Ω，保证了其在室温下的正常工作。Li|l-SN|LAGP|l-SN|LFP 全电池的倍率性能和充放电曲线如图 3-9(b)~(c)所示，l-SN 基固态电池在 0.1 C、0.2 C、0.5 C 和 1 C 电流密度下的比容量分别约为 158.2 mA·h/g、153.3 mA·h/g、136.4 mA·h/g 和 110.0 mA·h/g，当倍率重新回到 0.1 C 时，比容量重新恢复到约 158.0 mA·h/g；d-SN 基固态电池在 0.1 C、0.2 C、0.5 C 和 1 C 电流密度下的容量分别约为 135.0 mA·h/g、103.2 mA·h/g、32.4 mA·h/g 和 10.0 mA·h/g。

微量液态电解液修饰界面后可实现优异的倍率性能说明形成了初始稳定界面(见图 3-9(e))，然而该体系在 0.1 C 电流密度下不稳定的循环性能说明液态电解质修饰界面在循环过程中容易失效(见图 3-9(f))。此外，室温下全电池的循环性能对比进一步说明了 LLZAO 纳米线在界面处构建三维离子导电网络的重要性。由于界面处优异的离子电导，全电池在高倍率下的电化学性能有明显提高。图 3-9(d)表示 l-SN 基半电池前 5 圈的充放电曲线，稳定的极化电压证明了界面处优异的离子传输过程和副反应得到了有效的抑制。

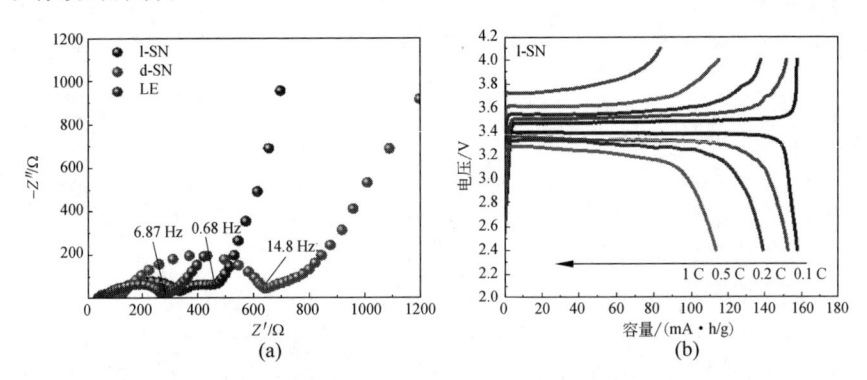

图 3-9　固态电池在室温下的电化学性能(见文前彩图)

(a) Li|l-SN|LAGP|l-SN|LFP 半电池的 EIS 结果；(b) 在不同电流密度下的充放电曲线；
(c) 倍率性能；(d) 前 5 圈充放电曲线；(e) Li|LE|LAGP|LE|LFP 半电池的倍率性能；
(f) 不同半电池的循环性能

图 3-9(续)

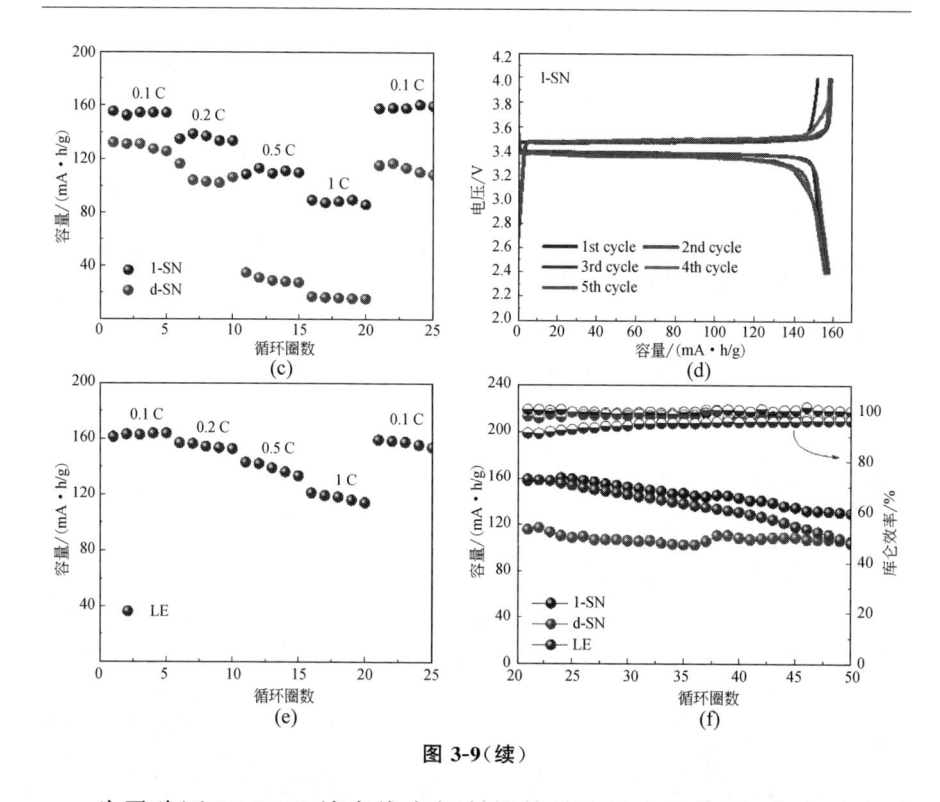

为了验证 LLZAO 纳米线在抑制锂枝晶生长中的作用,本章对比了 l-SN 和 d-SN 基固态电池在 40℃下的电化学性能,如图 3-10(a)所示。Li|l-SN|LAGP|l-SN|Li 对称电池可以在 0.25 mA·h/cm 的电流密度下稳定循环 400 h,并且极化电压只有 40 mV;与此形成鲜明对比的是 d-SN 基对称电池在 0.2 mA·h/cm 的电流密度下会出现微短路,当电流回到小电流时,该电池又可以重新正常充放电,这表明,该界面在低电流密度下具有良好的恢复能力,然而随着循环时间的延长,电池极化逐渐增大,在循环 280 h 后电池再次短路失效。对 40℃下循环后的 LAGP 陶瓷片表面进行 XPS 分析,进一步验证了高温下 l-SN 基对称电池的安全性(见图 3-10(b)~(c))。为了深入研究锂的沉积过程,本章对循环后的锂金属表面进行了 AFM 形貌分析,研究表明,在 l-SN 体系下循环后的锂金属表面呈现光滑和较低的粗糙度(32.4 nm,见图 3-10(d)),说明界面处锂均匀沉积,锂枝晶的生长得到很好的抑制;在无 LLZAO 纳米线体系中观察到了死锂和较高的粗糙度(48.2 nm,见图 3-10(e)),说明界面修饰层的机械性能较差,以及界面上存在不均匀的锂沉积行为。此外,本节还研究了大电流密度下的对称电池性能(见图 3-11),发现 5%(质量分数)LLZAO 的添加可提高对称电池的临界电

流密度,具有良好机械性能的 l-SN 界面修饰层可显著改善 LAGP 与锂金属界面的离子电导,实现良好的物理阻隔,有利于抑制界面处锂枝晶的形成。

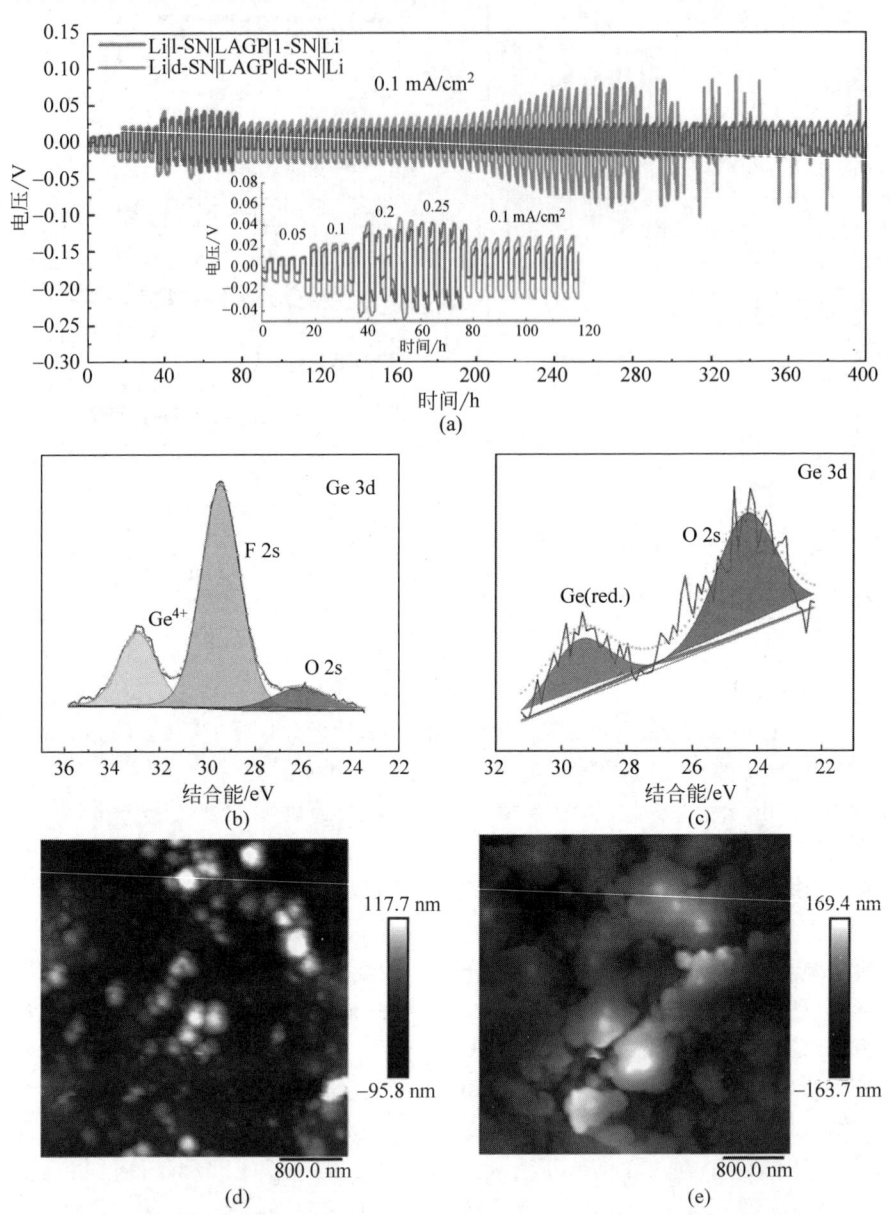

图 3-10　Li|l-SN|LAGP|l-SN|Li 和 Li|d-SN|LAGP|d-SN|Li 对称电池在 40℃ 条件下的循环性能(a)、Li|l-SN|LAGP|l-SN|Li(b)、Li|d-SN|LAGP|d-SN|Li 循环后 LAGP 陶瓷表面的 XPS 分析(c)、Li|l-SN|LAGP|l-SN|Li(d) 和 Li|d-SN|LAGP|d-SN|Li 在 40℃ 下循环 400 圈后锂金属表面 AFM 形貌分析(e)(见文前彩图)

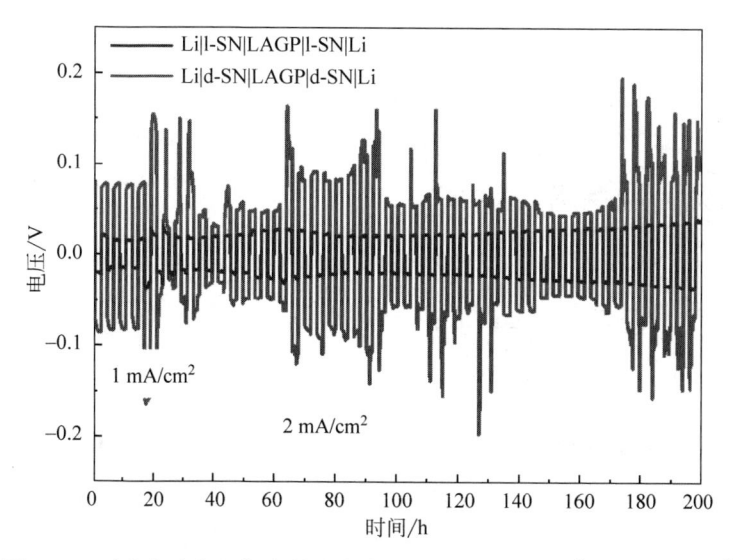

第3章　腈类塑晶复合电解质在固态电池界面修饰中的应用研究

图 3-11　对称电池在 40℃ 条件下当电流密度为 2 mA/cm² 、2 mA·h/cm² 时的锂电镀/剥离曲线

图 3-12 为固态电池 Li|l-SN|LAGP|l-SN|LFP 与 Li|d-SN|LAGP|d-SN|LFP 在 40℃ 下的倍率和循环性能。从图 3-12(a)和(b)中可以看出，l-SN 基全电池在小倍率下的比容量均在 160.0 mA·h/g 以上，即使在 5 C 电流密度下仍有约 145.7 mA·h/g 的容量，表明高温下界面上具有优异的锂离子扩散能力，实现了锂离子快速可逆地嵌入与脱出过程。l-SN 和 d-SN 基全电池在 0.5 C 电流密度下的循环性能对比如图 3-12(c)所示，l-SN 基全电池的首圈容量约为 156.9 mA·h/g，且循环 100 圈后的容量保持率为 93.17%。相反，在循环 60 圈后，d-SN 基固态电池容量迅速衰退，且二者循环后全电池的阻抗分别为 800 Ω 和 1.6 kΩ（见图 3-13），说明在没有 LLZAO 纳米线的作用下，界面修饰层容易被破坏从而引起界面阻抗增大。为了进一步解析其失效机理，本节对循环后的 LFP 材料进行形貌分析（见图 3-12(d)和(e)），尽管 SN 在一定程度上有助于在正极内部提高其离子导电性，但是电极膨胀容易引起离子导电网络遭到破坏；而 LLZAO 纳米线的引入有助于三维离子网络骨架的构建，即使电极发生体积膨胀，也可以保证离子导电网络结构的稳定性。因此可以得出：通过原位固化的方法在界面形成的塑晶复合界面修饰层可以显著提高固态电池的电化学性能。

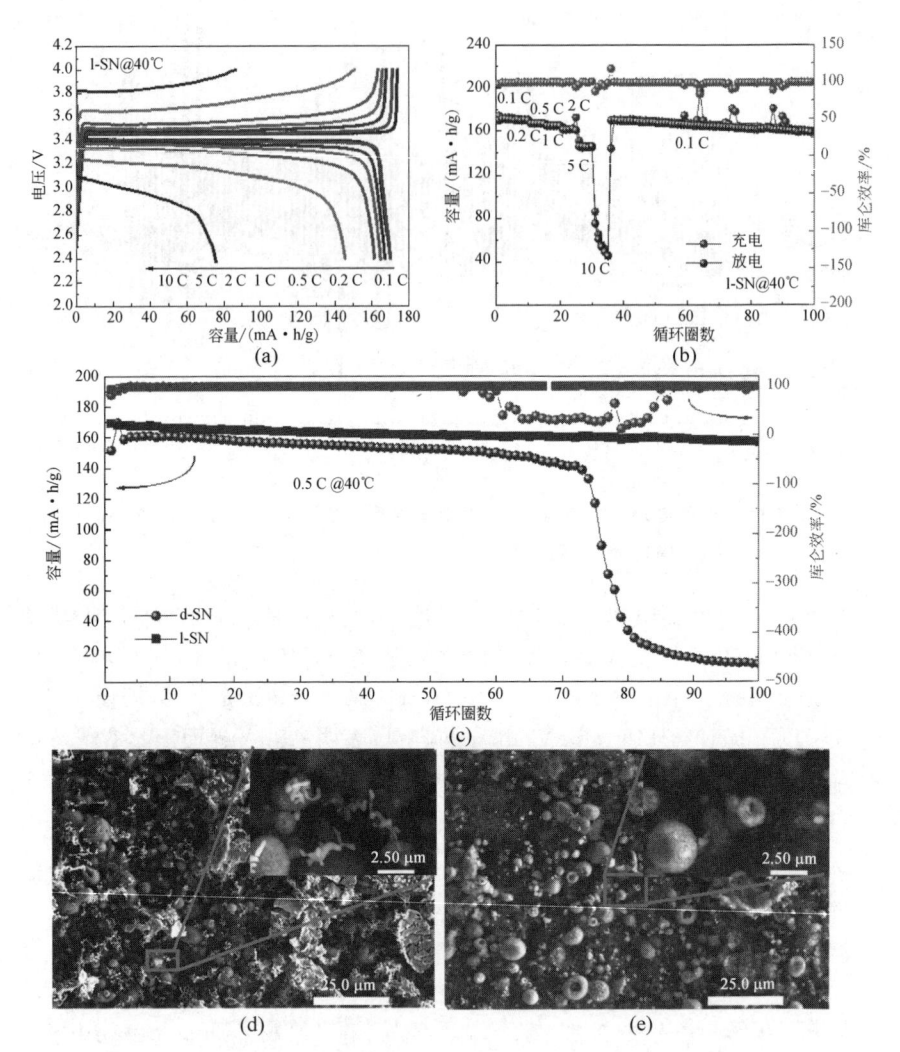

图 3-12 Li|l-SN|LAGP|l-SN|LFP 与 Li|d-SN|LAGP|d-SN|LFP 半电池在 40℃下电化学性能对比（见文前彩图）

(a) 不同电流密度下的充放电曲线；(b) Li|l-SN|LAGP|l-SN|Li 半电池的倍率性能；
(c) 0.5 C 电流密度下的循环性能对比；(d) Li|l-SN|LAGP|l-SN|LFP 循环 100 圈后的正极形貌；
(e) Li|d-SN|LAGP|d-SN|LFP 循环 100 圈后的正极形貌

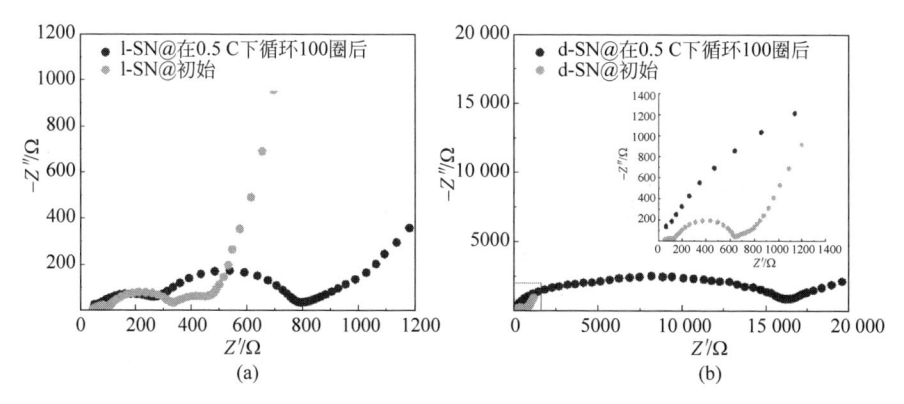

图 3-13　固态电池 Li|LAGP|LFP 循环前后的阻抗变化对比

(a) Li|l-SN|LAGP|l-SN|Li；(b) Li|d-SN|LAGP|d-SN|Li

3.6　本章小结

本章采用原位固化的方法在 LAGP 电解质与金属锂的界面构建了 3D 塑晶超导复合柔软修饰层,系统地对该塑晶复合界面修饰层进行了性能表征,同时对其与锂金属负极界面的稳定性进行了深入解析,并研究了全电池在常温和高温下的电化学性能。

(1) 本章优化了塑晶复合电解质的室温离子电导率,利用 SN 的性质及添加 5%(以质量计)LLZAO 纳米线,在 Li|LAGP 界面原位构造了 3D 塑晶超导复合柔软修饰层。

(2) 该塑晶复合界面修饰层可有效抑制金属锂负极与 LAGP 的副反应,实现界面良好的连续导离子网络结构。

(3) LLZAO 纳米线在 3D 超导塑晶复合界面的关键作用：增强了界面修饰层的力学性能；构建了三维锂离子网络传输框架；实现了低阻抗稳定界面的构建,塑晶电解质的易变形特征在一定程度上可以缓解电极膨胀问题。

(4) 基于以上设计,LAGP 基固态电池在常温和高温下均表现出优异的电化学性能,发展了原位固化策略在固态电池中修饰界面的应用前景。

第 4 章 自愈合 Janus 界面在固态电池中的构建及其性能研究

4.1 本章引言

由于锂金属负极具有超高容量(3860 mA·h/g)和最低的氧化还原电位(-3.040 V $vs.$ 标准氢电极),锂金属电池因此被认为是下一代高能量密度储能装置的终极选择[121-122]。然而,在液态锂金属电池中,大量极易燃烧和高挥发性碳酸酯体系电解质的使用会引发严重的安全问题,例如,由电池热失控引起的爆炸和着火[123];此外,液态电解质与高活性金属锂之间的副反应通常会导致锂负极表面形成不稳定的 SEI,伴随不可控制的锂枝晶生长[124-125],并在锂离子脱嵌过程中降低其库仑效率[126],甚至引起电池短路和热失控。无机固态电解质由于具有不易燃性和可以抑制锂枝晶生长的高剪切模量等特性,很可能取代传统锂电池中的液态电解质[102,127]。无机固态电解质包括钙钛矿型、NASICON(钠离子超离子导体)、LiSICON 型薄膜(锂离子超离子导体)、石榴石型和锂磷氧氮型(LiPON)电解质[108],NASICON 型 LAGP 电解质因具有高离子导电性(25℃时大于 10^{-4} S/cm)和良好的空气稳定性而广受关注[128],然而由于 LAGP 与金属锂的界面不相容性,即当其与锂金属接触时,LAGP 中的 Ge^{4+} 容易被不可逆地还原为 Ge^{2+}(以 GeO 的形式)和 Ge[79,129],从而导致在 Li|LAGP 界面上形成的副反应产物阻止 Li 离子的迁移并引发电池失效,因此 LAGP 电解质在锂金属电池中的应用进展缓慢[130]。目前,科研工作者一直致力于提高 LAGP 对 Li 金属负极的界面稳定性,包括构建固液混合界面[107]和使用亲锂合金反应层[108]或柔软 SPE[109,131-132]作为缓冲层等。然而,引入易燃液体或凝胶成分会牺牲电池的安全性;而 SPE 的室温低离子导电性限制了电池在室温中的应用。更重要的是,采用亲锂合金层或 SPE 形成的界面容易在反复的锂电镀/剥离过程中因锂金属负极体积膨胀而遭到破坏[133];此外,LAGP 陶瓷片与传统多孔正极材料因接触面积受限而引起界面接触不良

是 LAGP 基锂金属电池应用的另一个限制因素,而且复合正极材料中活性物质含量的降低必然会使电池的能量密度降低[7,134]。

自愈合过程是指通过主客体相互作用、氢键和可逆化学键等重建被中断的界面,从物理破坏中自发恢复的能力[135]。迄今为止,自愈合聚合物已被用作锂电池中的黏结剂[136]或 SPE[137-139],从而可以修复电极|电解液界面的开裂,避免电极活性物质的粉碎,因此,在 LAGP 基锂金属电池中采用自愈性聚合物电解质(SHE)作为界面,可以维持循环过程中稳定和完整的电极-电解质接触,从而消除 Li-LAGP 界面副反应[140]。然而,开发同时具有高离子导电率和与电极稳定的 SHE 仍然是一项重大的挑战。

本章通过紫外原位聚合的方法首次在 LAGP 电解质表面正极侧(以己二腈(AN)为基础)和负极侧(以离子液体(1-乙基-3-甲基咪唑双(三氟甲基磺酰)酰亚胺(EMITFSI)为基础)以聚合季戊四醇四丙烯酸酯(PETEA)为交联剂、2-(3-(6-甲基-4-氧代-1,4-二氢嘧啶-2-基)脲基)甲基丙烯酸乙酯(UPyMA)为自愈合单体分别构造了具备自愈合功能的 Janus 界面,所制备的共聚物电解质不仅可以保证良好的电解质|电极界面接触,促进锂离子在循环过程中均匀沉积,而且能够维持固态,不存在电解质泄漏的安全隐患。得到的 Janus 界面是以四重氢键为基础的自修复交联结构,具有高阻燃性、良好的室温离子电导率(25℃时大于 10^{-3} S/cm)和优异的界面兼容性,能够自动修复界面修饰层在循环过程中因电极体积膨胀而产生的裂纹,并且可以很好地抑制 LAGP 与金属锂负极的副反应,从而有效提升 Li|LAGP|LMO 全电池的电化学性能和安全性。

4.2 实 验 部 分

4.2.1 LAGP 固态电解质的制备

LAGP 固态电解质的制备方法与 3.2.1 节中介绍的方法一样。

4.2.2 SHE 电解质的制备

UPyMA 单体的合成方法如下:将 2-氨基-4-羟基-6-甲基嘧啶(1.0 g,8 mmol)加入 25 mL 二甲基亚砜(DMSO)中,并在 150℃下搅拌 10 min。然后在烧瓶中加入 2-异氰酸酯-甲基丙烯酸乙酯(1.32 g,8.5 mmol),当溶液冷却至室温时得到白色固体沉淀物。收集沉淀物,用乙醇和丙酮多次洗涤,去除残留的 DMSO。然后将得到的沉淀物在 30℃ 真空下干燥 4 h,收集所得白色粉末。负极液态电解质(ALE)通过将 0.5 mol/L LiTFSI 溶解于 EMITFSI 离子液体中,然后在上述混合物中加入 10%(以质量计)的碳酸乙烯酯(EC)作为添加剂来获得。正极液态电解质(CLE)通过将 1 mol/L 的 LiTFSI 溶于 AN 试剂中制备得到。为了制备自愈合电解质 ASHE/CSHE,首先将 3%(以质量计)的 UPyMA 单体分别在 60℃ 下溶解到 ALE 或 CLE 中。随后,将 1.5%(以质量计)的 PETEA 作为交联剂,0.1%(以质量计)的 2-羟基-2-甲基丙酚(HMPP)作为引发剂加入混合物中,得到透明的 ASHE/CSHE 前驱体溶液。然后将前驱体溶液用移液枪取适量滴在 LAGP 陶瓷片上,用 Hg 紫外线灯(照射峰值强度约 2000 mW/cm^2)对其进行紫外(UV)照射 15 min,以保证单体的完全聚合。最后,在 LAGP 陶瓷片上原位构建厚度约为 10 μm 的 ASHE/CSHE 薄界面层。此外,负极侧凝胶电解质(AGPE)是通过在 ALE 中聚合 1.5%(以质量计)的 PETEA 和 0.1%(以质量计)的 HMPP 而制备的。同时,将 1.5%(以质量计)的 PETEA 和 0.1%(以质量计)的 HMPP 在 CLE 中聚合得到 CGPE。上述所有步骤均在充氩手套箱(通用 2440/750 型号)中进行,水分/氧气体积分数低于 0.1×10^{-6}。

为了分离和得到 ASHE/CSHE 中的聚合物骨架,实验中首先将 SPE 粉碎,然后用丙酮反复洗涤并过滤收集白色沉淀物,最后将白色沉淀物在 120℃ 下真空干燥 24 h,得到分离的 ASHE/CSHE 聚合物骨架。

4.2.3 LAGP 基界面优化后锂金属电池的装配和表征

Li|ASHE|LAGP|ASHE|Li 和 Li|ASHE|LAGP|CSHE|LMO 等 CR2032 型扣式电池的装配在手套箱中完成,水分/氧气体积分数低于 0.1×10^{-6}。所有的 LAGP 基固态电池都是以 LMO 为正极材料,薄锂箔为负极材料,LAGP 或经界面优化后的 LAGP 为固态电解质,无需任何隔膜。在无水 N-甲基-2-吡咯烷酮(NMP)中以 8∶1∶1 的质量比将 LMO 活性材料、super-P 和聚偏氟乙烯(PVdF)黏合剂一起研磨。随后,将浆料涂覆在铝集流体上,然后在 70℃ 下静置 12 h 进行干燥。所得正极的质量负载约为 1.2 mg/cm^2。本节采用 LAND-CT2001A 型电池测试系统对制得的 CR2032 型扣式电池的电化学性能进行了评估,Li‖LMO 全电池的循环性能和倍率性能通过在 2.8~4.3 V 的电压区间充放电获得,并在室温下以不同倍率(1 C=148 mA/g,基于 LMO 的质量)进行循环测试。对于 Li|LAGP|LMO 电池结构,在正极侧滴入少量商用电解液(约 5 μL 的 1 M

LiPF$_6$，EC∶DEC(体积比1∶2))以确保界面湿润。利用 VMP3 电化学工作站，在振幅为 10 mV，以及频率范围为 100 mHz 至 1 MHz 的区间条件下，对循环一定周期后的锂金属电池界面稳定性进行电化学阻抗测试。此外，从手套箱中将锂铜电池沉积特定容量后的铜集流体拆卸取出，用碳酸二甲酯(DMC)反复冲洗后静置干燥，锂沉积形貌通过 FE-SEM(5 kV)进行表征。

4.3 SHE 电解质的合成机理分析

SHE 的合成路线如图 4-1(a)所示，SHE 聚合物通过 UPyMA 单体和交联剂 PETEA 单体在紫外线照射下自发形成如图所示的交联结构。制备得

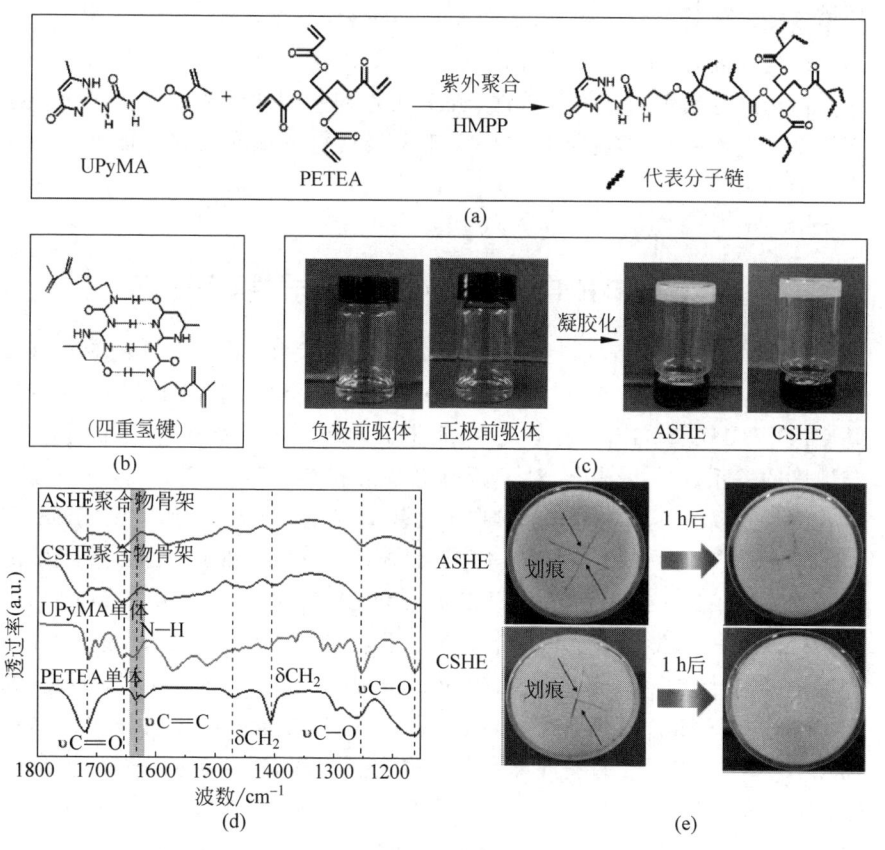

图 4-1 SHE 的合成路线示意图(a)，UPyMA 单体间的四重氢键示意图(b)，自愈合前驱体溶液在紫外线照射下形成自支撑凝胶的过程(c)，SHE 骨架及 UPyMA 和 PETEA 单体的红外光谱(d)和 SHE 自修复过程示意图(e)

到的 SHE 由于引入的自愈合单体 UPyMA 之间会形成四重氢键(见图 4-1(b)),从而会产生自修复特性,具体的形成机理会在 4.5 节通过第一性原理计算给出。通过该自由基聚合的 GPE 具有自支撑特性,如图 4-1(c)所示。FTIR 被用来研究 SHE 制备过程中的单体聚合机理。如图 4-1(d)所示,PETEA 单体 FTIR 光谱中 1720 cm^{-1}(C=O 振动),1251 cm^{-1} 和 1163 cm^{-1}(C—O 反对称拉伸),1470 cm^{-1} 和 1405 cm^{-1}(CH$_2$ 混合振动)及 1634 cm^{-1}(C=C 键)处与文献报道相吻合[126]。此外,位于 1657 cm^{-1} 的峰属于 UPyMA 单体的 U-H 拉伸的特征峰[141]。在聚合完成后,归属于 C=C 拉伸振动的特征峰几乎消失[126],证明 UPyMA 单体和 PETEA 单体高度聚合。为了证实该 SHE 的自修复特性,本研究对其在室温下进行深度切割后不施加任何其他外部刺激,如图 4-1(e)所示,可以发现,该 SHE 能在 1 h 内较好地恢复,相比之下,即使超过 24 h,普通 GPE 也没有表现出自愈合特性。由于这种出色的自修复特性,SHE 可作为坚固的缓冲层应用于 LAGP 基锂金属电池中,修复循环过程中由于电极材料体积膨胀在界面处产生的裂纹。

4.4 SHE 电解质的物理化学性能表征

离子电导率是电解质材料一个十分关键的参数,图 4-2(a)和图 4-3(a)展示了 LAGP 无机陶瓷电解质、AHSE|LAGP|CSHE 复合电解质、AHSE 基 GPE、CSHE 基 GPE 及 ALE、CLE 液态电解质在 25～95℃下的电导率与温度的关系。可以看出,对于所有电解质材料,其 lgσ-T^{-1} 的数据点都符合线性关系,可用阿伦尼乌斯方程较好地拟合[129]。其中,ASHE 和 CSHE 在 25℃下的离子电导率约为 7.41×10^{-3} S/cm 和 1.61×10^{-3} S/cm,分别略低于 ALE(约 7.43×10^{-3} S/cm)和 CLE(约 1.85×10^{-3} S/cm),因为聚合的 UPyMA-PETEA 聚合物骨架不具备导离子性能。但是 SHE 在 25℃下的离子电导率远高于 LAGP 无机固态电解质的本征电导率(约 2.82×10^{-4} S/cm),而且 ASHE|LAGP|CSHE 复合电解质可以提供高达约 2.75×10^{-3} S/cm 的室温离子电导率,此外,其 E_a 值(约 0.21 eV)低于 LAGP 的 E_a 值(约 0.22 eV),表明锂离子在该 SHE 界面层可实现更快的锂离子传输。而在 SHE|LAGP 界面上的离子电导率(σ_{int})可以通过式(4-1)计算得到[142]:

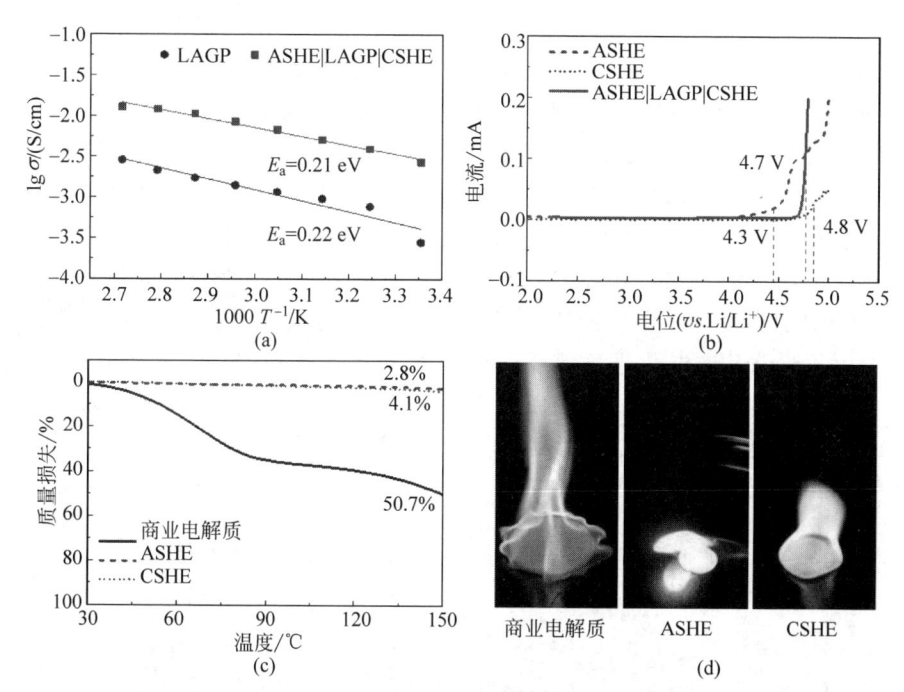

第 4 章 自愈合 Janus 界面在固态电池中的构建及其性能研究

图 4-2 LAGP 和 AHSE|LAGP|CSHE 复合电解质离子电导率随温度的变化曲线，其中实线表示阿伦尼乌斯方程拟合结果（a），ASHE、CSHE 及 AHSE|LAGP|CSHE 电解质材料的 LSV 结果（b），ASHE、CSHE 和商业电解质材料的 TGA 分析（c），以及 ASHE、CSHE 和商业电解质材料的燃烧测试（d）

$$(1-f_c)\frac{\sigma_{pol}-\sigma_{comp}}{\sigma_{comp}+\text{Li}^*(\sigma_{pol}-\sigma_{comp})}+f_c\frac{\sigma_{int}-\sigma_{comp}}{\sigma_{comp}+\text{Li}^*(\sigma_{int}-\sigma_{comp})}=0$$

(4-1)

其中，σ_{pol} 和 σ_{comp} 分别代表 SHE 和 SHE|LAGP|SHE 复合电解质的离子电导率；Li^* 代表有效去极化因子（0.0865）；f_c 是 LAGP 无机电解质的体积分数。鉴于 ASHE|LAGP|ASHE 和 CHSE|LAGP|SCHE 复合电解质在室温的离子电导率分别约为 6.53×10^{-3} S/cm 和 1.13×10^{-3} S/cm，因此可以计算得到 ASHE|LAGP 和 CSHE|LAGP 的界面离子电导率分别约为 6.42×10^{-3} S/cm 和 1.10×10^{-3} S/cm，证明当 SHE 作为界面修饰层时可在 SHE|LAGP 界面上提供快速的锂离子传输，从而提升了固态锂金属电池的电化学性能。

固态电解质具有宽的电化学窗口,这是其应用于高能量密度锂金属电池的重要优势。虽然离子液体基电解质对锂金属负极的良好相容性,但其表现出相对较低的抗氧化能力,因此在该体系负极侧选用了离子液体基的 ASHE。而基于腈类电解质虽然表现出较高的氧化稳定性,然而其容易与金属锂发生副反应,故在正极侧采用了基于 AN 的 CSHE。SHE 等电解质的电化学窗口通过 LSV 进行测试得到,如图 4-2(b)和图 4-3(b)所示。从图 4-2(b)中可以看出,ASHE 约在 4.3 V 开始氧化,而 CSHE 材料表现出更宽的电化学窗口,高达约 4.8 V,主要源于含氮材料的高抗氧化性[117],以上两个 SPE 的电化学稳定性都略高于其液态体系 ALE(约 4.2 V)和 CLE(约 4.45 V)。同时 ASHE|ALGP|CSHE 复合电解质表现出高达约 4.7 V 的电化学窗口,可以满足大多数正极材料的需求。

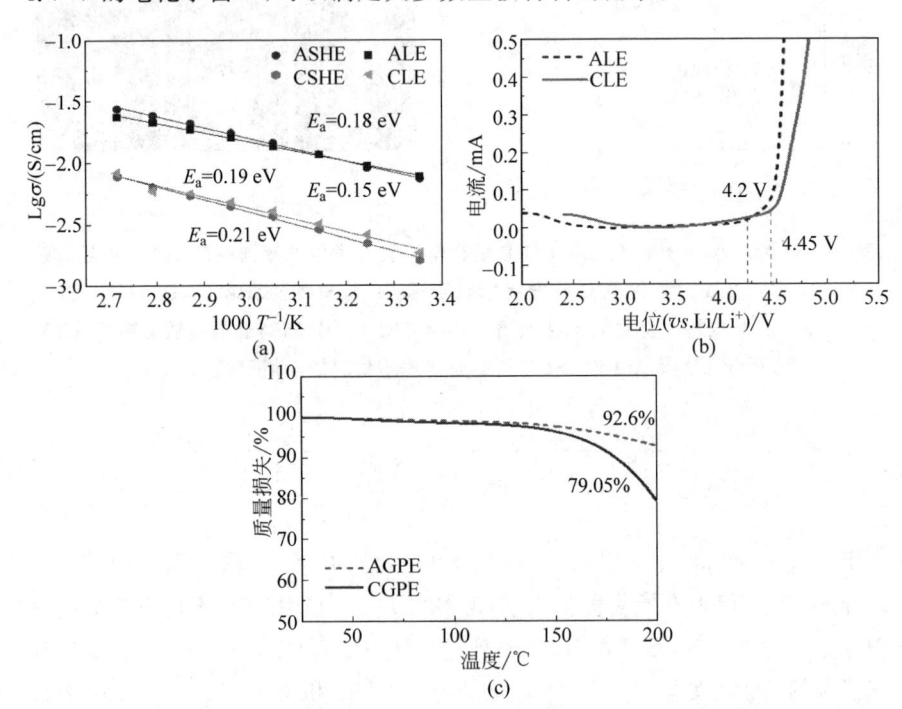

图 4-3 AHSE、CSHE、ALE 及 CLE 离子电导率随温度的变化曲线,其中实线表示阿伦尼乌斯方程拟合结果(a),ALE 和 CLE 的电化学窗口(b)和 AGPE 和 CGPE 的 TGA 分析(c)

电解质的热力学稳定性对于高能量密度电池同样十分重要,因为当电解质的热力学稳定性较差时容易引起燃烧、爆炸等事故。如图 4-2(c)和

图 4-3(c)所示,当温度升到 150℃时,ASHE 和 CSHE 的质量损失分别为 2.8% 和 4.1%,而对应的商业电解液由于含有大量低沸点的溶剂,在室温下开始迅速蒸发,且在 150℃下的残余质量分数为 50.7%。此外通过燃烧测试(见图 4-2(d))可以看出商业电解液表现出高可燃性,说明商业电解质的热力学稳定性极差,相反,SHE 表现出明显的阻燃特性,这主要是由于 EMITFSI 离子液体的不可燃性及 AN 的高阻燃性。SHE 优异的热稳定性和不易燃性有利于实现其在高安全性锂金属电池方面的应用。

4.5 自愈合 Janus 界面优化机理

图 4-4 展示了自愈合 Janus 界面层在 Li|LAGP|LMO 电池中的优化机理。如图 4-4(a)所示,在原始 Li|LAGP|LMO 电池中,锂金属负极与 LAGP 电解质之间不良的界面接触会导致锂沉积过程中不均匀的锂离子通量,从而触发锂枝晶形成[143]。此外,锂金属和 LAGP 之间还原反应产生的高电阻副产物积聚在 Li|LAGP 界面上,从而阻碍了界面上锂离子的传输。对于正极侧,LMO 多孔正极和 LAGP 之间的界面接触面积不足会引起较大的极化电压,从而使 Li||LMO 电池迅速失效。

因此,本章首先分别在 Li|LAGP 界面上构建了离子液体基 AGPE 层,在 LMO|LAGP 界面上构建了 AN 基 CGPE 层,即通过在 ALE(0.5 M LiTFSI 的 EMITFSI+EC)中原位聚合 1.5%(以质量计)PETEA 单体来制备 AGPE;同时,将 1.5%(以质量计)的 PETEA 单体添加到 1 mol/L LiTFSI 的 CLE 中聚合制备 CGPE。期望该策略可有效解决上述界面问题,然而,这些 GPE 界面层因循环过程中电极材料反复发生体积膨胀而容易破碎,从而使界面接触变差,电池循环寿命缩短(见图 4-4(b))。有趣的是,在组装的 Li|ASHE|LAGP|CSHE|LMO 电池中,作为 Janus 界面层的 ASHE 和 CSHE 层可以自发地修复由电极材料体积变化引起的裂纹,从而在循环过程中保持完整的界面接触,并可有效消除金属 Li 与 LAGP 之间的副反应。因此,本研究可以在基于 LAGP 的固态锂金属电池中优化正负极界面的兼容性以获得优异的循环稳定性(见图 4-4(c))。第一性原理的计算结果表明,聚合物链中的 UPyMA 自愈合单体之间的结合能为 -2.03 eV,远高于 UPyMA 与 PETEA 的结合能(-0.53 eV)、EMITFSI−(-0.97 eV)及 AN(-0.88 eV),表明 UPyMA 之间倾向相互吸引,并形成大量的分子间或分子内氢键(见图 4-4(d)),从而产生自修复功能[133]。此外,来自锂盐

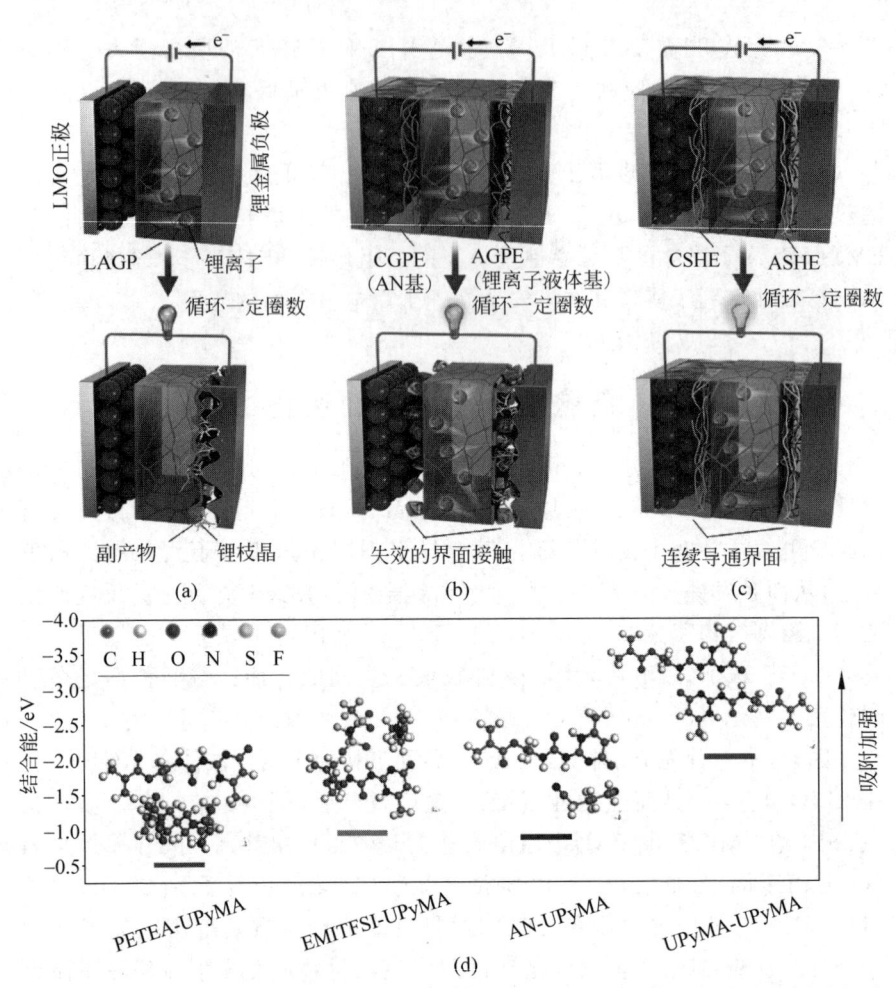

图 4-4 Li│LAGP│LMO 电池在不同界面优化情况下的界面特征示意图（见文前彩图）
(a) 无界面修饰层；(b) GPE 修饰层；(c) SHE 界面修饰层；(d) 基于第一性计算原理 UPyMA 自愈合单体与 PETEA、EMITFSI⁻、AN 和 UPyMA 之间结合能的计算结果

内部的离子间库仑力有利于提高其自愈合特性，这对于维持 SHE 与电极材料的界面接触及较好的离子传导十分重要[141]。

4.6　金属锂负极与 SHE 界面兼容性研究

为了研究金属锂负极与 ASHE 界面层的相容性，本节对 Li‖Li 对称电池在 0.1 mA/cm² 电流密度下进行恒电流充放电循环测试。如图 4-5(a)所

示,Li|LAGP|Li 对称电池的极化电压随着循环时间增加而急剧增加(在循环 8 h 后迅速增加到 0.5 V),并且在循环 134 h 后发生短路失效,其原因可能是界面上的锂离子脱嵌过程不稳定及高阻抗的副反应产物在界面上的积累。相比之下,Li|ASHE|LAGP|ASHE|Li 电池在循环 700 h 后仍然可保持稳定的极化电压(约 200 mV),远低于没有添加自修复单体的 AGPE 作为界面修饰层的对称电池性能(循环 475 h 后极化电压增加到 5 V),如图 4-5(b)所示。即使在大电流密度 1 mA/cm² 下,Li|ASHE|LAGP|ASHE|Li 电池在循环 300 h 后仍可保持约 0.5 V 的稳定极化电压(见图 4-5(c))。以上对称电池的性能证实了在 ASHE|LAGP 界面上表现出均匀的锂离子沉积行为,并且没有枝晶形成。

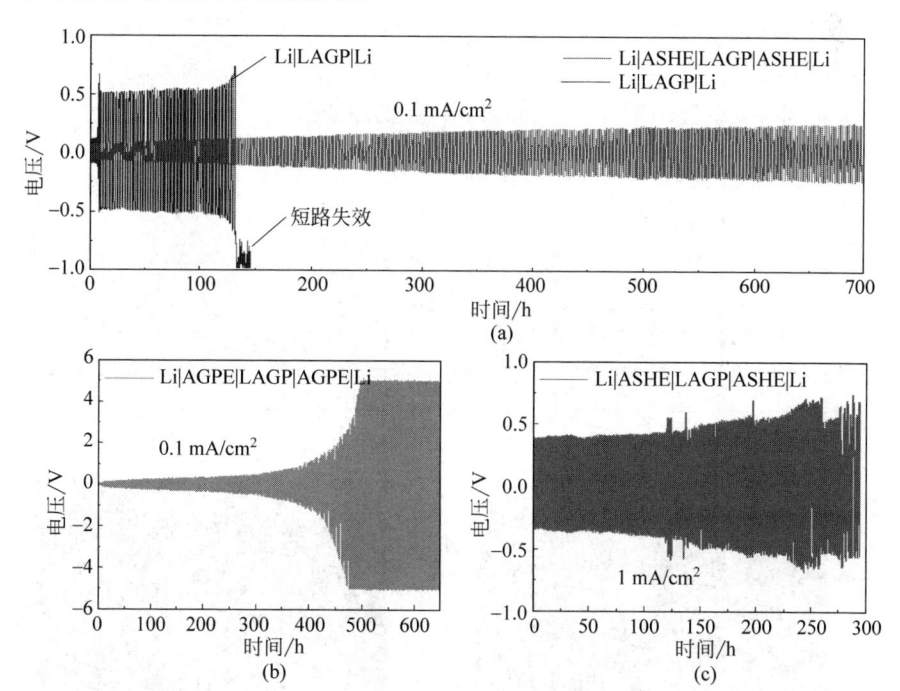

图 4-5 Li|LAGP|Li 和 Li|ASHE|LAGP|CSHE|Li 对称电池在 0.1 mA/cm²、0.1 mA·h/cm² 电流密度(a)与 Li|AGPE|LAGP|CGPE|Li 对称电池在 0.1 mA/cm²、0.1 mA·h/cm² 电流密度(b)下的恒电流循环曲线;Li|ASHE|LAGP|CSHE|Li 对称电池在 1 mA/cm²、1 mA·h/cm² 电流密度(c)下的恒电流循环曲线

为了进一步评估界面优化后锂离子电镀/剥离的可逆程度,本节对 Li||Cu 电池进行了库仑效率测试及铜集流体上锂沉积形貌的观测。如图 4-6(a)

中插图所示,由于锂沉积过程发生体积膨胀及界面持续的副反应行为,从而引起界面失效,导致锂离子无法在 Cu|LAGP 界面上实现可逆的锂离子电镀/剥离。此外,SEM 显示出在铜集流体表面有部分不均匀的锂沉积层(1 mA·h 的沉积厚度约为 20.2 μm),该沉积层呈现明显的疏松多孔形态,并有大量的死锂和副产物。如图 4-7(a)~(d)所示,当引入传统 GPE 界面修饰层后,锂沉积形貌变得相对光滑,在相同条件下沉积厚度减小到约 7.1 μm,并且锂铜电池的库仑效率为 87.95%,通过其充放电曲线可以看出,极化电位约为 115 mV(见图 4-6(b))。如图 4-6(a)所示,当引入自修复界面修饰层 SHE 后,其 Li||Cu 电池表现出高达 98.96% 的库仑效率,且其充放电曲线表现出更低的极化电压(约 30 mV)。此外,通过该自修复界面层进行界面优化后沉积的锂更为致密,如图 4-6(c)所示,沉积层厚度(约 5.1 μm)也较为接近理论沉积厚度(约 4.85 μm),如图 4-6(d)所示。该致密的锂沉积层有利于抑制其与电解质的副反应,从而得到优异的库仑效率及长循环稳定性。

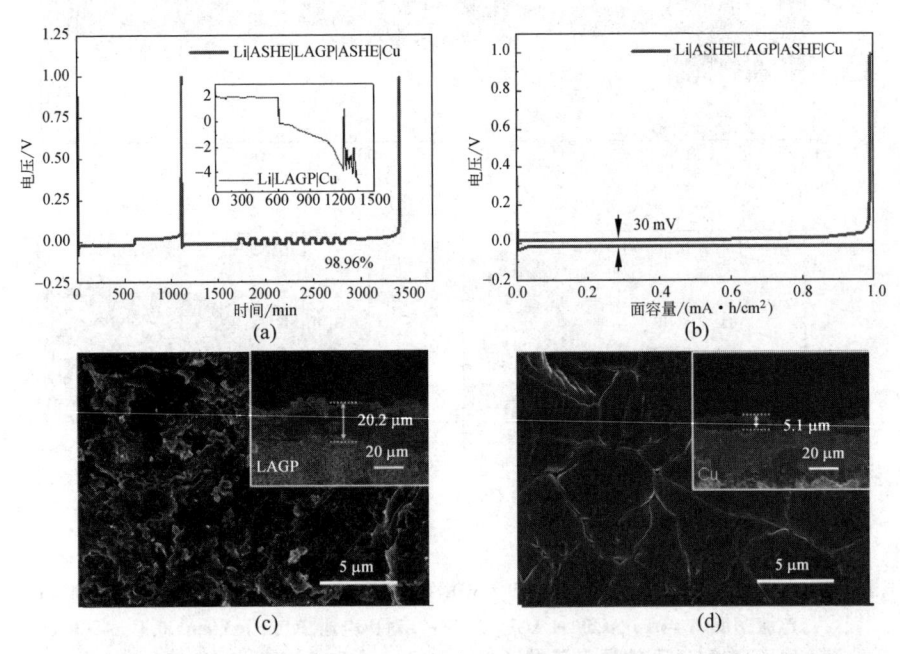

图 4-6 Li|LAGP|Cu(插图)和 Li|ASHE|LAGP|ASHE|Cu 电池在 0.1 mA/cm² 电流密度下的库仑效率测试(a),Li|ASHE|LAGP|ASHE|Cu 电池在以上电流密度下锂离子电镀/剥离的充放电压曲线(b),Li|LAGP|Cu(c)和 Li|ASHE|LAGP|ASHE|Cu(d)电池在以上电流密度下在铜集流体表面沉积 1 mA·h/cm² 的表面及横截面(插入)FE-SEM 形貌

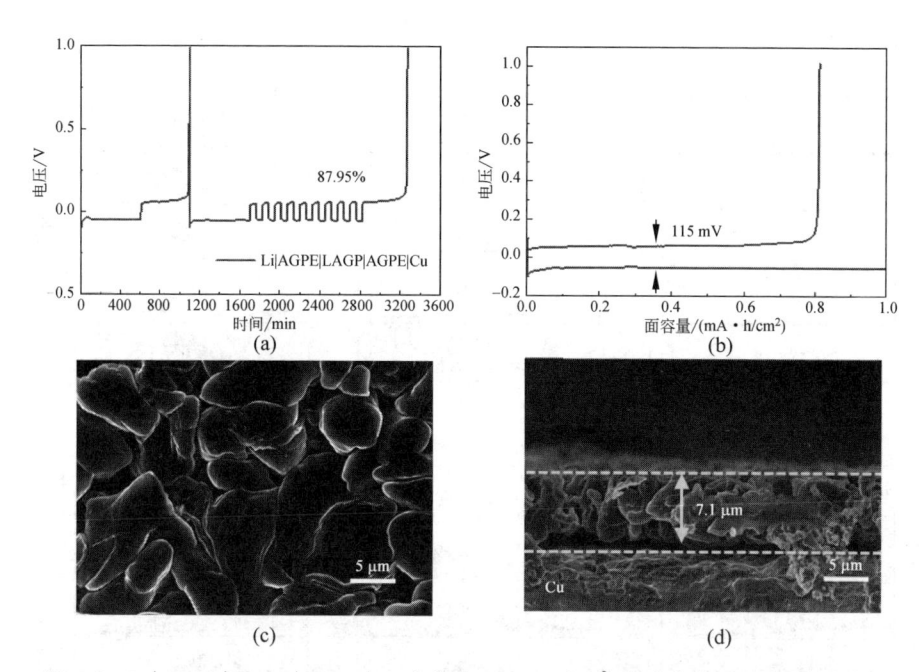

图 4-7 Li|AGPE|LAGP|AGPE|Cu 电池在 0.1 mA/cm² 电流密度下的库仑效率测试(a)、Li|AGPE|LAGP|AGPE|Cu 电池在以上电流密度下锂离子电镀/剥离的充放电压曲线(b)，Li|AGPE|LAGP|AGPE|Cu 电池在以上电流密度下在铜集流体表面沉积 1 mA·h/cm² 的表面(c)及横截面 FE-SEM 形貌(d)

为了研究循环过程中的电极与电解质界面材料及结构变化，本节采用 XPS 测试来研究循环 10 圈后锂金属负极表面 SEI 膜及电解质 LAGP 表面成分的变化。如图 4-8(d)所示，对于 Li|LAGP|Li 电池，在锂金属表面 Li 1s 谱中 53 eV、54.5 eV 和 55.3 eV 位置出现的特征峰分别属于 Li_2O、Li_2O_2 和 Li_2CO_3。此外，LAGP 的 Li 1s 谱仅在 55.5 eV 时出现一个特征峰。在经过一定的循环后，如图 4-8(c)所示，Li|LAGP|Li 电池中的 LAGP 电解质 Ge^{4+}(32.7 eV)被锂金属还原形成 Ge(29.3 eV)和 GeO(30.6 eV)，因此锂金属表面 SEI 的无机组分(如 Li_2O、Li_2O_2 和 Li_2CO_3，见图 4-8(d))很可能来自锂金属与 LAGP 之间的副反应产物，这些 SEI 不均匀地分布在锂金属表面(见图 4-10(a)和(d))，从而导致 SEI 的杨氏模量较低(475 MPa，见图 4-10(d))，对枝晶形成的抑制效果较差；此外，循环过程中锂金属负极体积膨胀容易引起该 SEI 反复破裂和形成，导致界面不稳定[144]。

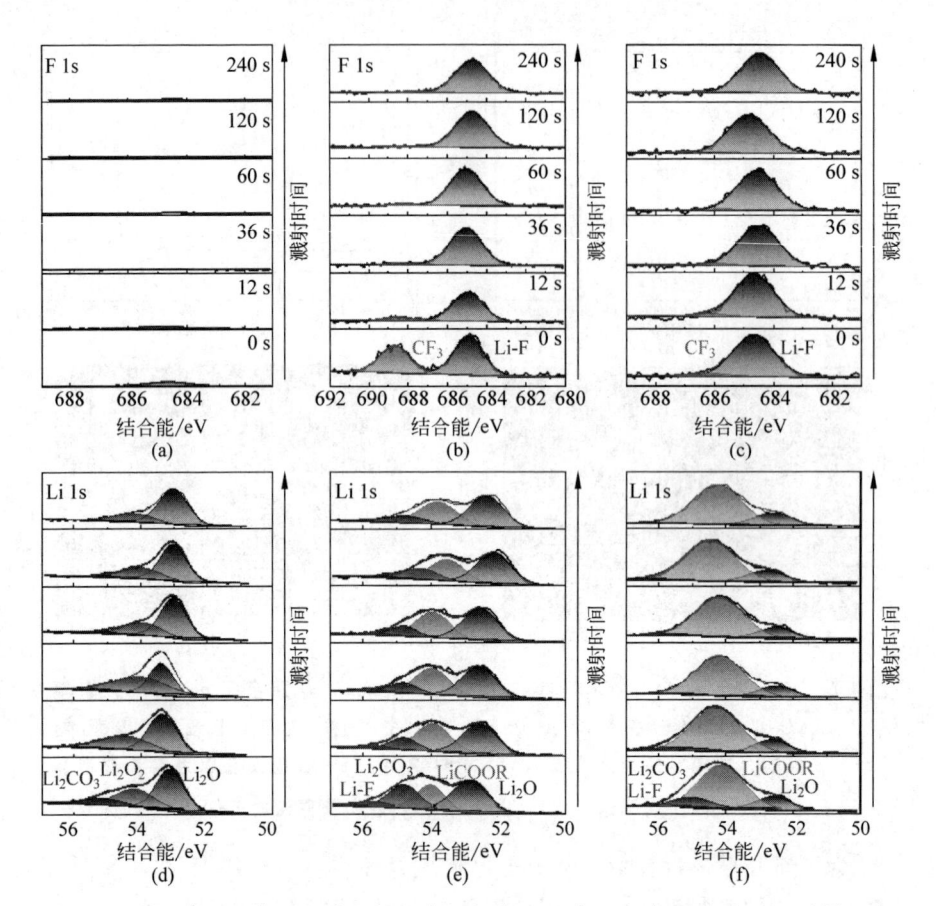

图 4-8 由 Li│LAGP│Li(a)和(d)、Li│AGPE│LAGP│AGPE│Li(b)和(e),以及 Li│ASHE│LAGP│ASHE│Li(c)和(f)电池循环 10 圈后获得的锂金属负极表面 F 1s(a)~(c)和 Li 1s(d)~(f)的 XPS 深度剖析(见文前彩图)

相反,采用 ASHE 作为界面修饰层时,金属锂与 LAGP 之间的界面副反应可以得到有效的抑制(见图 4-9(c)和(d)),并且锂金属表面形成了富含 LiF 的均匀 SEI 膜(见图 4-8(b)和(e)、图 4-10(c)),来自 TFSI⁻ 阴离子分解的 LiF 使该 SEI 膜具有较高的杨氏模量(2549 MPa,见图 4-10(f)),表现出对枝晶生长良好的抑制作用[145]。

而当采用 APGE 作为界面修饰层时,因为 EC 与金属锂反应的产物 LiCOOR 使形成的 SEI 具有一定的柔韧性,导致其杨氏模量相对较低(1363 MPa,如图 4-10(e)),因此对枝晶的抑制作用在一定程度上受限[146]。此外,锂金属负极材料体积的膨胀导致 GPE 产生裂纹,引起界面

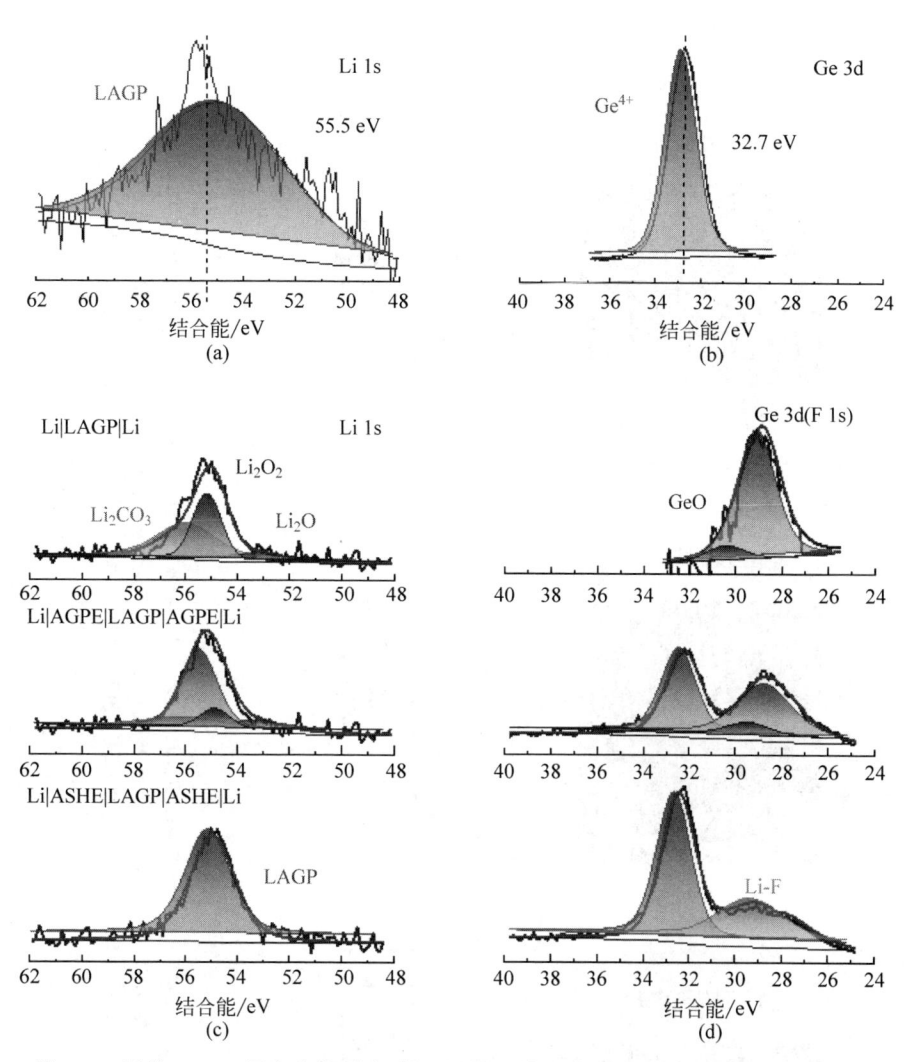

图 4-9 原始 LAGP 固态电解质和在不同界面优化条件下循环 10 圈后 LAGP 的 Li 1s 谱(a)和(c),以及 Ge 3d 谱(b)和(d)的 XPS 分析(见文前彩图)

的持续副反应及死锂的积累最终导致界面失效,如图 4-9(c)和(d)所示。基于 ASHE 界面修饰层的锂金属表面形成的均匀 SEI 具有较高的力学性能,从而实现了界面处均匀的锂离子沉积行为,其对称电池良好的循环性能有力地证实了这一点。

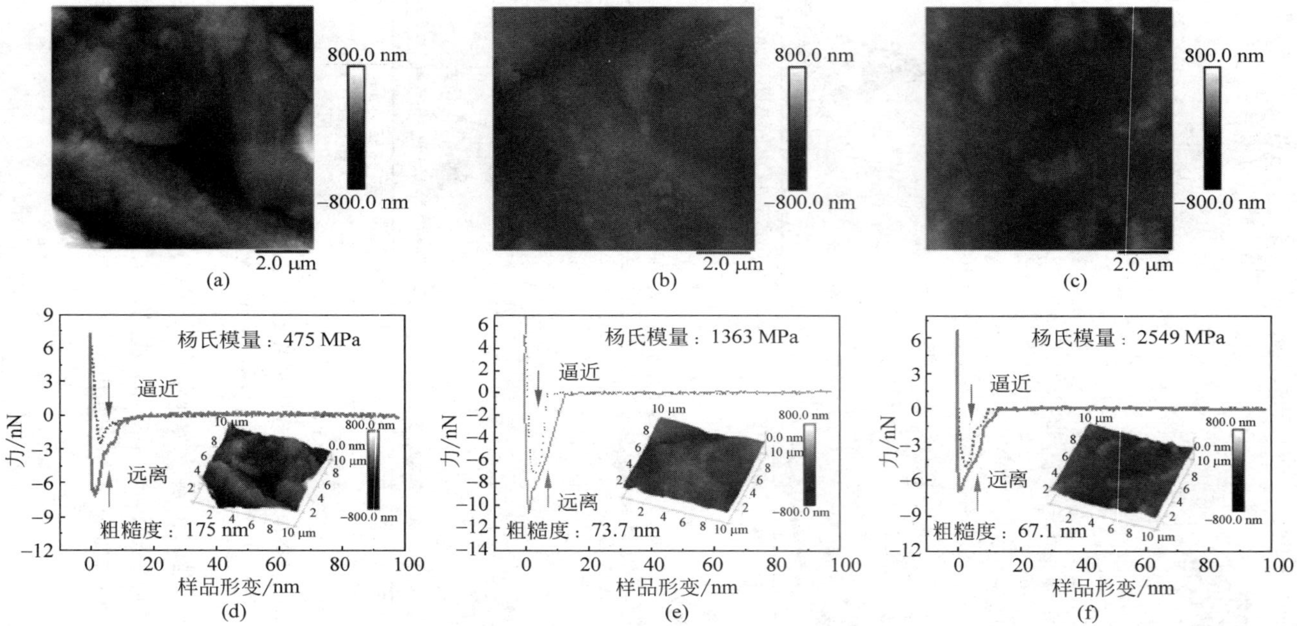

图 4-10　由 Li|LAGP|Li(a)、Li|LAGP|AGPE|Li(b)、以及 Li|LAGP|AGPE|ASHE|LAGP|ASHE|Li(c)电池循环 10 圈后锂金属负极表面 SEI 的二维 AFM 形貌；由 Li|LAGP|Li(d)、Li|LAGP|AGPE|Li(e)电池，以及 Li|ASHE|LAGP|ASHE|LAGP|ASHE|Li(f)电池循环 10 圈后锂金属负极表面 SEI 的力学曲线及三维 AFM 形貌（见文前彩图）

4.7 LAGP 基界面优化后锂金属电池的电化学性能

本节通过原位装配 Li|LAGP|LMO 电池来研究不同界面修饰层优化后全电池的电化学性能。如图 4-11(a)所示，在 LAGP 电解质正负极侧通过紫外聚合的方法原位构造厚度约为 10 μm 的界面修饰层。0.1 C 电流密度下 Li|LAGP|LMO 全电池在第二圈的充放电曲线如图 4-11(b)所示，明

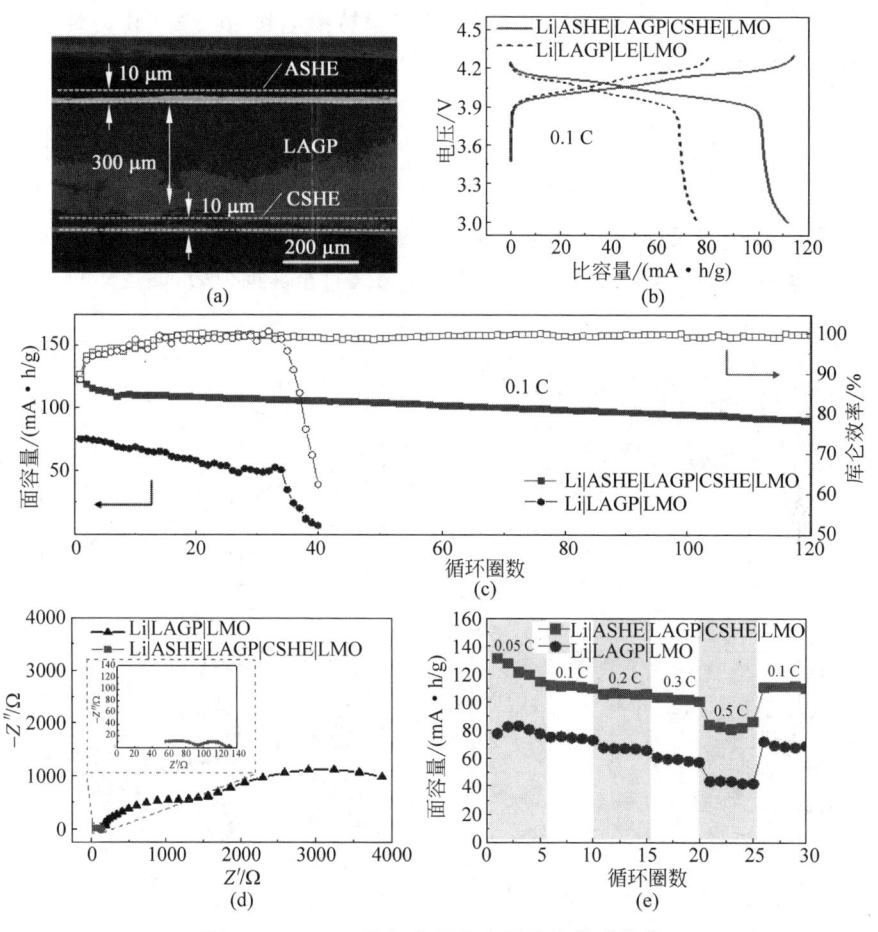

图 4-11 LAGP 基锂金属全电池的电化学性能

(a) SHE 修饰 LAGP 的横截面 FE-SEM 图像；(b) Li|LAGP|LMO 电池在第二圈的充放电曲线；
(c) Li|LAGP|LMO 电池在 0.1 C 电流密度下的循环性能曲线；(d) Li|LAGP|LMO 电池在循环特定圈数后的电化学阻抗；(e) Li|LAGP|LMO 电池在不同电流密度下的倍率性能

显的充放电平台(约 4 V)表明,经过 SHE 或者少量商业电解液界面优化后能进行可逆的锂离子脱/嵌过程。Li｜ASHE｜LAGP｜CSHE｜LMO 电池在第二圈的放电比容量达到约 112.1 mA·h/g,且充放电过程的极化电压较小。相比之下,当采用 GPE 或者少量电解液进行正极界面修饰时,其全电池分别仅有约 84.4 mA·h/g 和 75.2 mA·h/g 的放电比容量,如图 4-11(b)和 4-12(a)所示。此外,采用自修复界面层的全电池表现出优异的库仑效率(高达 99.1%),且在 0.1 C 电流密度下循环 120 圈后仍然可保持约 90.0 mA·h/g 的放电比容量,容量保持率达到 80.3%;作为对照,没有进行界面修饰的 Li｜LAGP｜LMO 全电池在充放电 40 圈后的比容量几乎衰减为约 0.0 mA·h/g,而采用 GPE 进行界面修饰的全电池在循环 120 圈后仅表现出约 23.3 mA·h/g 的放电比容量,如图 4-11(c)和 4-12(b)所示。本节通过对循环一定圈数后的全电池进行电化学阻抗测试,发现采用自修复 SHE 界面层的全电池界面较为稳定并保持较低的界面阻抗。相反,在其他两个对照体系,其界面阻抗都迅速增大直至界面失效,如图 4-11(d)和图 4-12(c)所示。

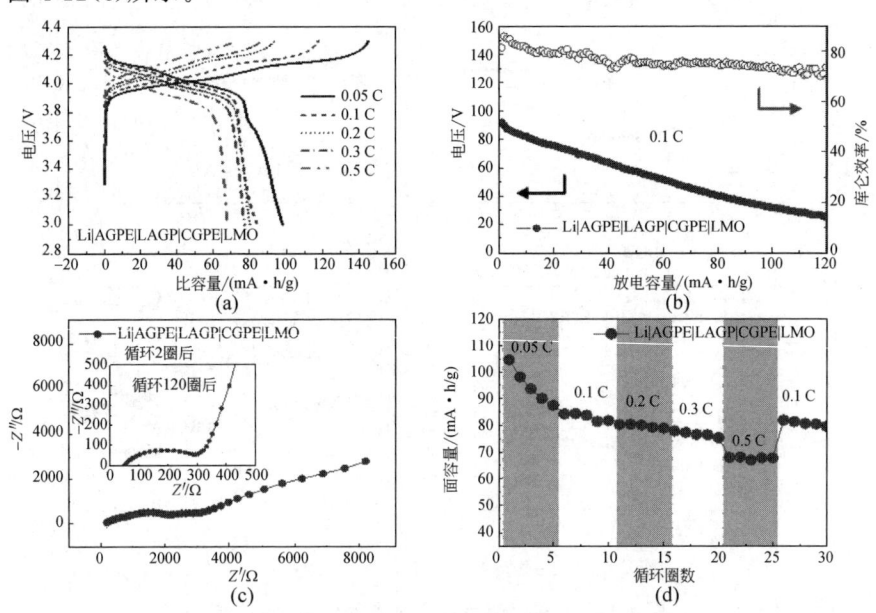

图 4-12　Li｜AGPE｜LAGP｜CGPE｜LMO 电池在不同电流密度下的充放电曲线(a),Li｜AGPE｜LAGP｜CGPE｜LMO 电池在 0.1 C 电流密度下的循环性能(b),Li｜AGPE｜LAGP｜CGPE｜LMO 电池在循环特定圈数后的电化学阻抗图(c)和 Li｜AGPE｜LAGP｜CGPE｜LMO 电池在不同电流密度下的倍率性能(d)

本节对全电池进行了倍率性能测试,由图 4-11(e)和图 4-12(d)可以看出,SHE 界面优化后的全电池在 0.05 C、0.1 C、0.2 C、0.3 C 和 0.5 C 电流密度下分别保持约 127.6 mA·h/g、112.1 mA·h/g、106.2 mA·h/g、103.0 mA·h/g 和 82.1 mA·h/g 的放电比容量,远优于其他两个对照体系的倍率性能。固态锂金属电池中界面优异的锂离子传导特性对于高电流密度下的电化学性能发挥着十分关键的作用。

4.8 本章小结

本章利用原位自由基聚合在 LAGP 电解质与电极材料界面成功构筑了具有高离子电导率、高阻燃和自愈合功能的 Janus 界面,该界面显著改善了 LAGP 与电极材料的界面兼容性,抑制了 LAGP 与金属锂的副反应,缓解了电池循环过程中因电极体积膨胀带来的安全隐患,同时拓宽了 LAGP 的电化学窗口,可实现对 LMO 正极材料进行可逆的脱嵌过程,尤其是在锂金属负极一侧,形成的富含 LiF 的 SEI 膜促进了锂离子的均匀沉积。本章得出的主要结论如下。

(1) 采用 UPyMA 为自修复单体,在紫外辐照条件下通过与 PETEA 交联剂进行聚合得到具有高阻燃性、良好的室温离子电导率(大于 10^{-3} S/cm,25℃)、优异界面兼容性的 SHE。

(2) 基于 EMITFSI 离子液体和 AN 的特性,在正负极侧分别构建了对锂亲和的 ASHE 和耐高压的 CSHE 界面层,缓解了循环过程由于电极材料体积膨胀带来的安全隐患。

(3) Janus 界面可在锂金属负极表面形成富含 LiF 的均匀 SEI 膜,且该 SEI 膜具有较高的杨氏模量,可有效抑制充放电循环过程中的锂枝晶生长。

(4) 将 SHE 应用于 LAGP 基锂金属全电池,所得的 Li|ASHE|LAGP|CSHE|LMO 电池表现出良好的循环稳定性(0.1 C 下循环 120 次后容量保持率为 80.3%),主要是因为低阻抗、高稳定的自修复界面对锂枝晶生长有良好的抑制效果。

第 5 章　醚基聚合物电解质在固态电池中的应用及性能研究

5.1　本章引言

现代社会对高能量密度电池和大容量能量转换/存储系统的需求日益增长，特别是在便携式/数字电子器件、5G 通信和智能电网等方面，引起了科研人员对下一代锂离子二次电池技术的广泛关注[121,147]。但是在传统液态锂离子电池体系中，由于可燃、高电化学活性酯类电解液的应用，电化学电镀/剥离过程中锂枝晶的生长会加剧其与电解质的副反应，导致锂金属表面 SEI 膜的反复生成与破坏，从而引起电池的电化学性能衰退及热失控等安全隐患[124,148-149]。因此在锂金属表面构建机械性能良好且稳定的 SEI 膜对于抑制枝晶的生长，以及实现锂金属电池的工业化生产至关重要[150]。为此科学家提出了很多解决锂枝晶引起的安全隐患的策略，包括液态电解质添加剂的优化[151]、离子液体的应用[152]、人工 SEI 膜的构建[159,153]、隔膜改性[154]或者三维集流体的构建等[155-156]。

SPE 或 GPE 替代液态电解质是提高锂金属电池安全性和循环寿命的有效方法[1,157]。然而，电极与电解质之间较差的界面接触与兼容性限制了这种方法的应用，为了改善这个问题，通过原位聚合策略，可实现电解质与电极材料（尤其多孔正极材料）之间有效且紧密连续导离子网络的构建。该原位策略一般先将前驱体溶液注入到电池包中，液态前驱体溶液出色的可流动性及润湿性使其能够有效地润湿电极材料中的活性物质，随后通过加热、紫外线辐照或者小电流引发电池内部的原位聚合过程，从而形成良好的界面[158]。这种方法具有低阻抗稳定界面容易构建、制备工艺简单及生产效率高等优点，有利于实现该聚合物类锂金属电池大规模的产业化应用[159]。迄今为止，为了改善界面接触问题及在界面处实现良好的锂离子传导过程，该原位聚合策略已经广泛应用于许多聚合物体系的制备，例如，氰乙基聚乙烯醇（PVA-CN）[160]、三丙二醇二丙烯酸酯（TPGDA）[160]、聚碳酸乙烯酯（PVCA）[84]、PETEA[161-162]、丙烯酸酐-2-甲基丙烯酸2-环氧乙烷-乙酯-甲基丙烯酸甲酯（PAMM）[163]、聚乙烯（乙二醇）丙烯酸甲醚（PEGMEA）[164]、聚氟碳酸亚乙酯（PFEC）[165]、聚三羟甲基丙烷三缩水甘油醚（PTTE）[166]、交联的聚乙二醇二缩水甘油醚（c-PEGDE）[167]和Poly-DOL[87-88]等。尽管这种方法在一定程度上已经取得了重大进展，但是关于界面稳定性和兼容性的问题仍然面临一定的挑战性。

本章利用原位聚合方法和锂金属负极表面硝化预处理的协同作用实现了锂金属电池稳定的长循环性能。DOL是一种非常传统的醚溶剂，有利于实现可逆的锂电镀/剥离行为，但其较窄的电化学窗口限制了其应用[157]。本工作首次使用有机锂盐二氟（草酸）硼酸锂（LiDFOB）来引发DOL的开环聚合反应，显著拓宽了其电化学窗口，即增强了其抗氧化能力。此外，原位形成的Poly-DOL基GPE有助于构建固态锂金属电池中连续而稳定的界面。同时，将SN引入前驱体中可以改善Poly-DOL基GPE的室温离子电导率。有趣的是，添加少量LiDFOB及2 mol/L LiTFSI可以在Poly-DOL GPE中实现双盐体系的构建，其双盐效应有利于稳定SEI/CEI的形成。结合在锂金属表面上进行硝化预处理构建人工SEI膜，二者的协同作用促进了正负极表面富含氮（N）、氟（F）和硼（B）化物的SEI和CEI的生成，有利于抑制枝晶生长和提高其循环寿命。据报道，人工SEI膜的构建可大大改善锂金属对电解质的稳定性。因此该原位聚合形成Poly-DOL电解质和人造SEI膜双管齐下的协同策略可明显改善电解质和电极之间的界面相容性。预处理-Li|Poly-DOL基GPE|LFP全电池实现了高比容量保持率的超长循环性能，并且该Poly-DOL基GPE能够较好地匹配4.3 V级的LMO和LCO正极材料，在室温和高温下均表现出优异的电化学性能。

5.2 实验部分

5.2.1 Poly-DOL基GPE的合成

本实验将前驱体溶液放在密封透明玻璃试剂瓶中通过原位聚合方法合成GPE。GPE的制备是在充满氩气的手套箱中进行的，其中O_2和H_2O的体积分数均保持在$0.1×10^{-6}$以下。前驱体由溶解在DOL与不同质量分数的SN混合溶液中的2 mol/L LiTFSI和0.3 mol/L LiDFOB组成，其中 SN 起到塑化剂的作用,有利于提高 Poly-DOL 基 GPE 的室温离子电导率。将该前驱体混合物在 60℃下放置 12 h,可以得到所需要的 Poly-DOL 基 GPE。

5.2.2 Poly-DOL 基固态电池的原位装配和表征

首先将正极粉末材料和 Super P 在鼓风恒温箱中 60℃下干燥 24 h,以除去残留的水。将 LFP、LMO 和 LCO 等正极活性物质与 Super P 混合,然后在 NMP 试剂中加入质量比为 8∶1∶1 的 PVdF 黏合剂。然后使用刮刀将制得的浆料刮涂在铝箔上,并在 60℃的真空烘箱中干燥 12h。最后,将烘干的正极材料 LFP、LMO、LCO 裁剪成直径为 12 mm 的极片,其活性材料负载分别约为 2.0 mg/cm^2、1.5 mg/cm^2 和 3.0 mg/cm^2。本节使用锂箔作为负极,玻璃纤维作为电解质的支撑骨架,原位组装了 CR2032 型扣式电池。玻璃纤维在电池中可以起到骨架的作用并控制 GPE 的厚度。首先,本研究在组装电池前进行锂金属负极的硝化预处理,即通过将其浸入溶于四乙二醇二甲醚(TEGDME)的 3 mol/L LiNO$_3$ 中 12 h,然后在 DOL 试剂中反复洗涤 3 次后在手套箱中静置 12 h 得到预处理的锂金属负极;接着将约 100 μL 的前驱体溶液注入玻璃纤维中,将组装好的电池静置 2 h 以完全润湿电池内部的活性物质;最后将组装好的电池在 60℃的温度下再放置 12 h 以确保形成基于 poly-DOL 基 GPE 的固态电池。

所有的电化学测试均在 LAND-CT2001A 电池测试仪上进行。本节使用 Zhang 课题组报道的一种创新方法对库仑效率进行了测试(在该测试中设置总电荷(Q_T)=1 mA·h/cm^2,循环电荷(Q_C)= 0.1 mA·h/cm^2 和 n=100)[168]。本节首先在 0.1 mA/cm^2 电流密度下将定量锂(1 mA·h/cm^2)沉积在 Cu 上并对 Li 沉积形态通过 FE-SEM 进行观测;之后将该电池以 0.1 mA·h/cm^2 的小容量(Q_C)在 0.1 mA/cm^2 的条件下进行 n= 100 次充放电循环;然后将该 Li‖Cu 电池充电至 1 V 以完全脱出所有残余的锂;最终脱出的电荷(Q_S)对应于循环后相对应的剩余锂量。因此循环 100 圈后的平均 CE 可计算为

$$\text{CE}_{\text{avg}} = \frac{nQ_C + Q_S}{nQ_C + Q_T} \tag{5-1}$$

本节研究了 Li‖Li 对称电池在不同电流密度下的锂离子沉积行为,对未处理/预处理-Li‖LFP 全电池在室温下进行了测试,在 1 C(1 C= 170 mA·h/g)电流密度、2.4~4.2 V 电压条件下进行充放电,用于循环性能和倍率性能的研究,其倍率性能测试如下:首先在 0.1 C 条件下循环 5

圈,然后依次在 0.2 C、0.5 C、1 C、2 C、3 C 和 5 C 下进行充放电,然后再回到 0.1 C 循环。此外,本节还将经预处理-Li‖LMO(1 C=148 mA·h/g) 和预处理-Li‖LCO(1 C=140 mA·h/g) 全电池,在 0.1 C 下分别在室温和 40℃、2.5~4.3 V 的电压条件下进行了循环性测试。

5.3 Poly-DOL 基 GPE 的合成机理分析

本节通过有机锂盐 LiDFOB 诱导 DOL 开环聚合反应和在锂金属表面硝化预处理构建人工 SEI 的策略,实现了固态电池的良好界面相容性。如图 5-1(a)所示,原位凝胶化过程保证了电极和电解质之间的连续接触,而正负极表面稳定 SEI 和 CEI 的形成确保了兼容性良好界面的构建。本节还通过锂金属负极硝化预处理在锂金属表面成功构建了富含 Li_3N、LiN_xO_y 和 Li_2O 等无机成分的人工 SEI 膜,如图 5-1(d)所示。Poly-DOL 聚合机理和凝胶化过程如图 5-1(b)所示,即在适当温度下,LiDFOB 可诱导 DOL 发生阳离子开环聚合反应,LiDFOB 可在高温下产生强路易斯酸 BF_3[167]。BF_3 能够通过与溶剂中的痕量水反应从而引发质子化过程,最终通过阳离子引发 DOL 溶剂的开环聚合。在 0.3 mol/L LiDFOB 和 2 mol/L LiTFSI 体系中,通过以上开环聚合过程可以将可流动的液态前驱体转变成透明的自支撑 GPE,如图 5-1(c)所示。

为了分析所制备的 Poly-DOL 基 GPE 结构,本节进行了 NMR 测试以研究氢和碳谱的结构转变,如图 5-2(a)和(b)所示。为方便讨论,本节对不同体系的电解质进行如下定义,No. 1 DOL-A_2、No. 2 DOL-$A_2B_{0.3}$ 和 No. 3 DOL-$A_2B_{0.3}SN_{0.3}$ 分别表示基于 2 mol/L LiTFSI 的液态 DOL 电解质、基于 2 mol/L LiTFSI 和 0.3 mol/L LiDFOB 的 GPE,基于 2 mol/L LiTFSI、0.3 mol/L LiDFOB 和 30%(以质量计)SN Poly-DOL 基的 GPE。显然,在 No. 2 和 No. 3 样品中出现了新的氢和碳峰,标记为 c 和 d,证实了 LiDFOB 对 DOL 的开环聚合作用,这与文献报道的 Poly-DOL 结构高度吻合[87-88]。此外,FTIR 光谱的测量进一步证实了 GPE 结构的演变,如图 5-2(c)所示。对于液态电解质(No.1),本节观察到许多与 LiTFSI 和 DOL 振动有关的峰,发生开环聚合反应后(No. 2 和 No. 3 Poly-DOL 基 GPE)出现长链振动模式,C—H 平面振动消失,在 1030 cm^{-1} 到 1000 cm^{-1} 位置关于 C—O—C 振动峰存在明显的位移。FTIR 光谱中这些特征峰的变化有效地证明了 Poly-DOL 基 GPE 的产生。

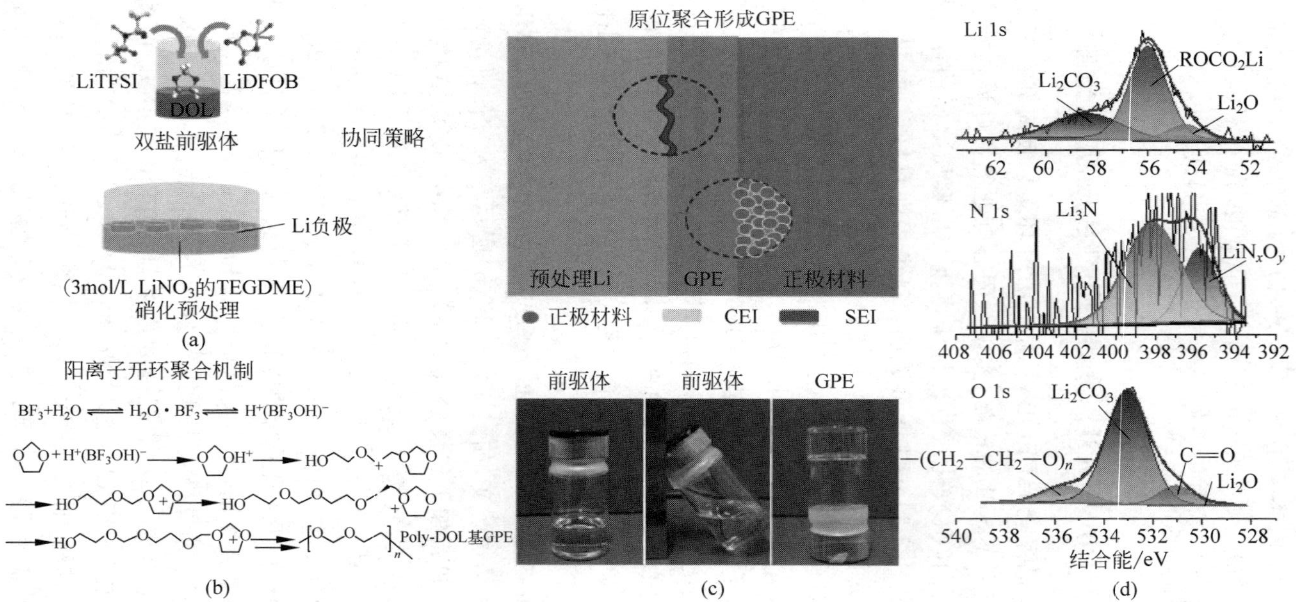

图 5-1 Poly-DOL 基 GPE 原位合成和在 Li 金属表面硝化预处理的协同策略示意图 (a)、LiDFOB 诱导 DOL 溶剂阴离子开环聚合机理示意图 (b)、GPE 及其前驱体溶液的光学图像 (c) 和预处理后锂金属表面的 XPS 分析 (d)

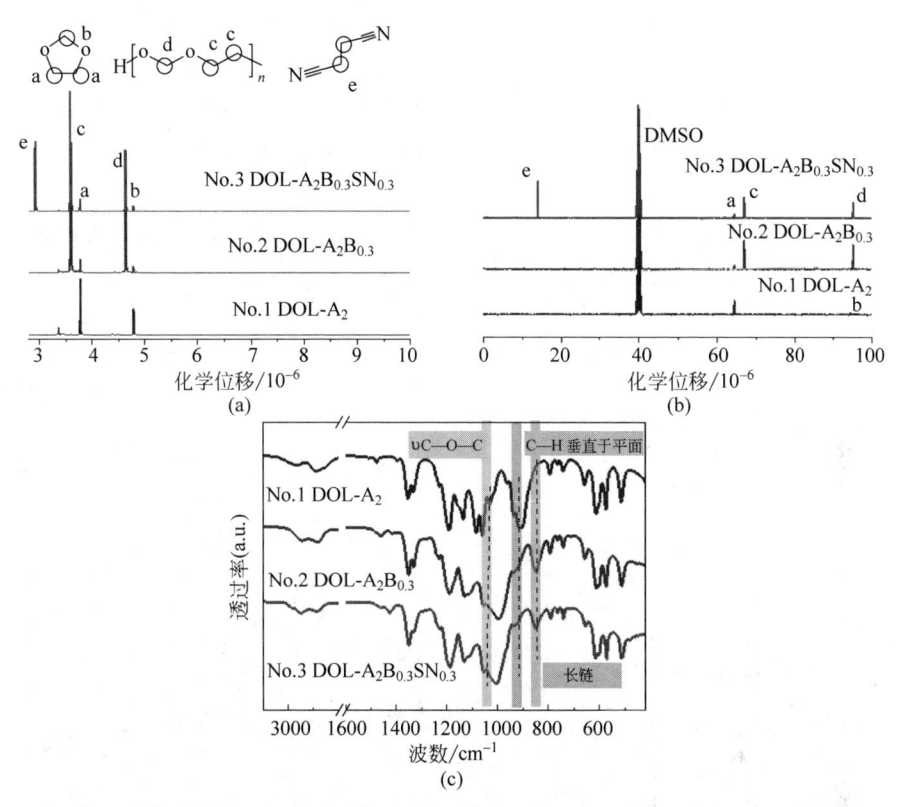

图 5-2 Poly-DOL 基 GPE 的 NMR 氢谱（a）和碳谱（其中二甲基亚砜-d 6（DMSO-d 6）是用于 NMR 测量的特定溶剂）（b），以及 Poly-DOL 基 GPE 的 FTIR 光谱（c）

5.4 Poly-DOL 基 GPE 的物理化学性能表征

本章所制备的 Poly-DOL 基 GPE 在室温下表现出较差的离子电导率，为了进一步改善 Poly-DOL 的导离子性能，实验中将不同质量分数的 SN 作为增塑剂引入前驱体中。如图 5-3（a）所示，随着 SN 质量分数的增加，Poly-DOL 基 GPE 表现出增强的锂离子传导能力。当添加 30%（以质量计）的 SN 时，其室温离子电导率由约 10^{-5} S/cm 提高一个数量级（约 10^{-4} S/cm）。同时，掺入增塑剂后，Poly-DOL 基 GPE 的机械模量从 1.75 GPa 略降到 1.34 GPa，如图 5-3（e）和（f）所示。制备的 Poly-DOL 基 GPE 离子电导率随温度变化的关系如图 5-3（b）所示，数据的实线是通过 Arrhenius 模型进行拟合获得的，而数据的虚线是使用 Vogel-Fulcher-Tammann(VFT)模型获得的。显然,电导率随温度的变化与 Vogel-Fulcher-Tammann 模型更匹配,说明 Poly-DOL 基 GPE 的结晶度较低。因此,SN 的添加显著提高了离子传输能力,在一定程度上引入增塑剂可有效改善 Poly-DOL 基 GPE 的离子传导特性。

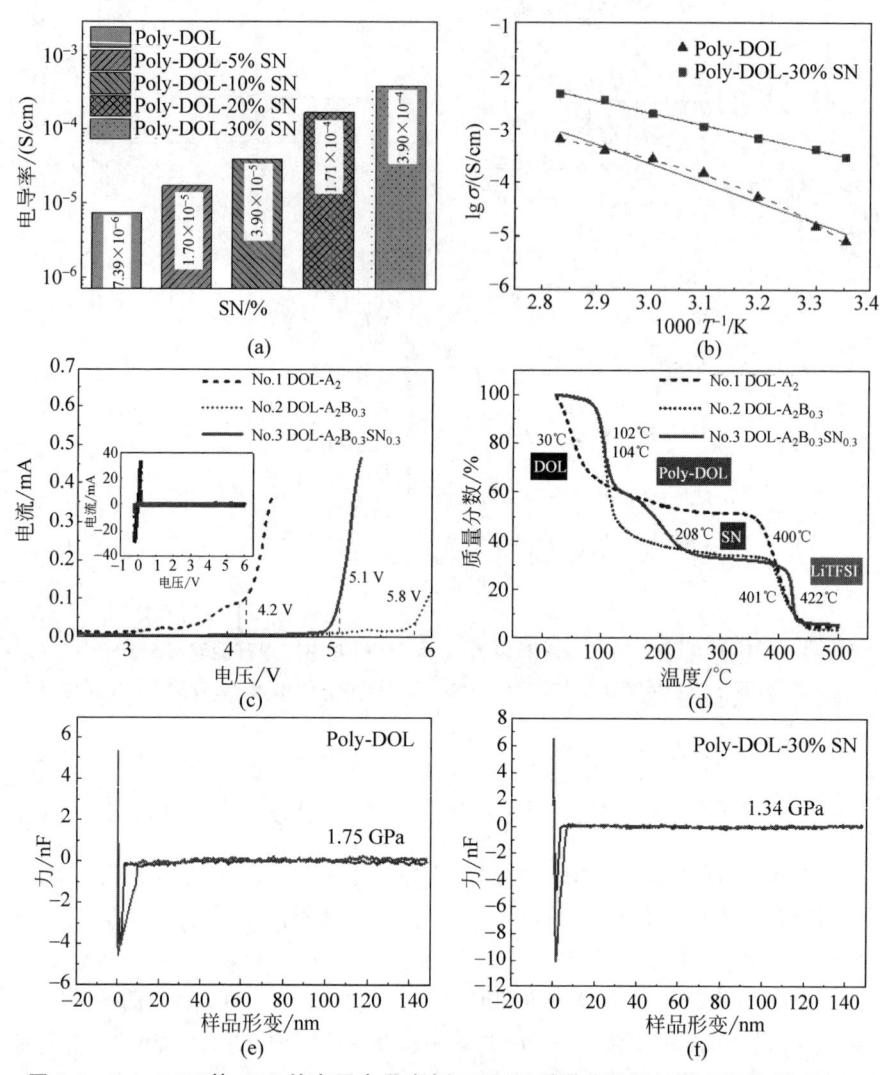

图 5-3 Poly-DOL 基 GPE 的离子电导率与 SN 不同质量分数添加量之间的关系(a),Poly-DOL 基 GPE 的离子电导率随温度的变化,数据中的虚线和实线分别使用 Vogel-Fulcher-Tammann 和 Arrhenius 方程拟合后的数据结果(b),Poly-DOL 基 GPE 的电化学窗口(c),Poly-DOL 基 GPE 的 TGA 分析(d),No.2 GPE 的力-位移曲线(e),以及 Poly-DOL 基 GPE 的力-位移曲线(f)

本章采用 LSV 测试来分析开环聚合对醚类电解质抗氧化能力的影响。结果表明，液态 DOL 电解质在 4.2 V 时会发生氧化分解，而原位聚合后得到的 No.2 GPE 表现出高达 5.8 V 左右的电化学窗口，说明 LiDFOB 引发的开环聚合大大提升了醚类电解质的电化学稳定窗口，而添加 30%（以质量计）的 SN 增塑剂后，Poly-DOL 基 GPE 仍表现出 5.1 V 左右的电化学窗口，如图 5-3(c) 所示。此外，图 5-4(c) 中的插图显示，两种 Poly-DOL 基 GPE 在 0 V 附近表现出显著可逆的锂离子电镀/剥离行为。因此，原位聚合被证明是一种提升醚类电解质在高电压下抗氧化能力的有效策略。

实验中使用 TGA 来研究制备 Poly-DOL 基 GPE 的热稳定性，如图 5-3(d) 所示。No.1 电解质由于含有大量的 DOL 溶剂分子，在 30℃ 时开始挥发，而原位聚合反应则使 No.2 和 No.3 Poly-DOL 基 GPE 的热稳定性显著提高。这 3 个电解质样品均在约 400℃ 时出现失重，这归因于 LiTFSI 的分解[169]。仅在 No.3 Poly-DOL 基 GPE 电解质中观察到 208℃ 左右的额外质量下降，这可能是 SN 的分解导致的[170]。LiDFOB 的热分解应该在 240℃ 左右发生[171]，但是，在实验中并未观察到这种特征现象，这可能是由于 LiDFOB 的添加量太少而无法被检测到。

5.5　Poly-DOL 基 GPE 中锂离子沉积行为研究

为了分析硝化预处理对锂离子在 Poly-DOL 基 GPE 中沉积行为的影响，本节进行了 Li‖Cu 电池库仑效率及形貌的观测（见图 5-4）。未处理-锂金属在该 Poly-DOL 基 GPE 体系下的库仑效率为 97.90%，而通过在锂金属上构建人工 SEI 膜，预处理-Li‖Cu 电池显示出更高的库仑效率，高达 99.07%，这可能是由于稳定 SEI 膜的构建有利于均匀的锂离子沉积行为。本节通过 FE-SEM 进一步观察了在非对称 Li‖Cu 电池中沉积 1 mA·h/cm² 锂时铜集流体表面的沉积形貌，如图 5-4(b) 和 (c) 所示，在预处理-Li‖Cu 电池中沉积锂的形貌呈现出更大、更致密的均匀颗粒特征。相比之下，在未处理-Li‖Cu 电池中，本研究观察到针状锂枝晶和较为疏松的沉积形貌。以上结果表明，非原位人造 SEI 膜的构建显著改善了 Poly-DOL 基 GPE 电池中锂离子电镀/剥离过程。对于实现高度可逆的锂离子电镀/剥离过程具有重要意义。

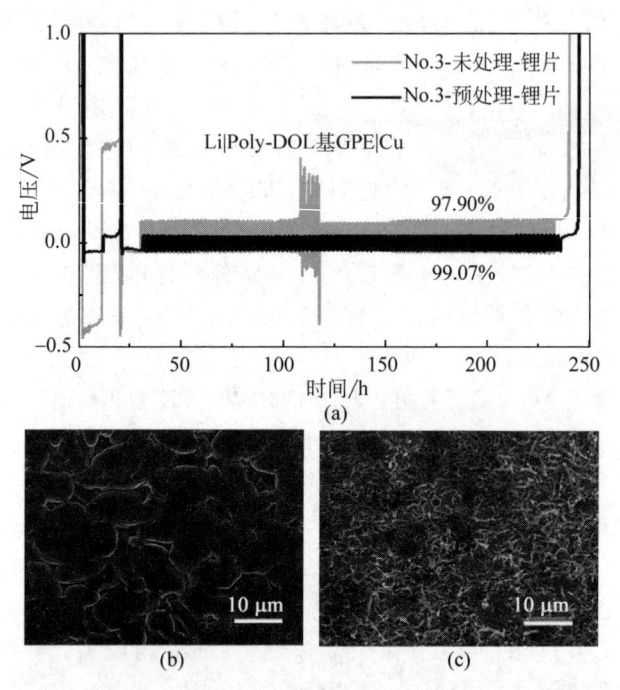

图 5-4 锂金属负极预处理前后 Li‖Cu 电池中的库仑效率(a),预处理-Li|Poly-DOL 基 GPE|Cu(b)和未处理-Li|Poly-DOL 基 GPE|Cu 电池中的锂沉积形貌(c)

为了研究 Poly-DOL 基 GPE 与金属锂负极的界面兼容性,本节测试了 Li‖Li 对称电池在不同电流密度下的循环性能,如图 5-5 所示。如图 5-5(a) 所示,未处理-锂负极在 $0.5~\text{mA/cm}^2$、$0.5~\text{mA} \cdot \text{h/cm}^2$ 的条件下,其极化电压持续增加(约大于 250 mV),并且在循环约 350 h 后失效,这可能是 SN 和高活性锂金属与锂枝晶之间的副反应造成的[172]。同时,预处理-锂金属负极在 No.1 号电解质中循环约 215 h 后失效,这可能是因为在液态电解质体系中即使在锂金属表面构建了一层 SEI 膜,循环过程中依然会不断形成锂枝晶,从而刺穿隔膜导致电池短路,如图 5-5(c)所示。有趣的是,预处理-锂负极在 Poly-DOL 基 GPE 中可稳定循环超过 700 h,并且保持稳定的低极化电压(约 85 mV)。此外,预处理-锂负极在 $0.2~\text{mA/cm}^2$、$0.2~\text{mA} \cdot \text{h/cm}^2$ 和 $1~\text{mA/cm}^2$、$1~\text{mA} \cdot \text{h/cm}^2$ 的测试条件下均可稳定循环超过 1000 h,且其稳定极化电压分别约为 20 mV 和 200 mV,进一步证明了非原位构建 SEI 与原位聚合双管齐下的策略有助于稳定界面的构建。

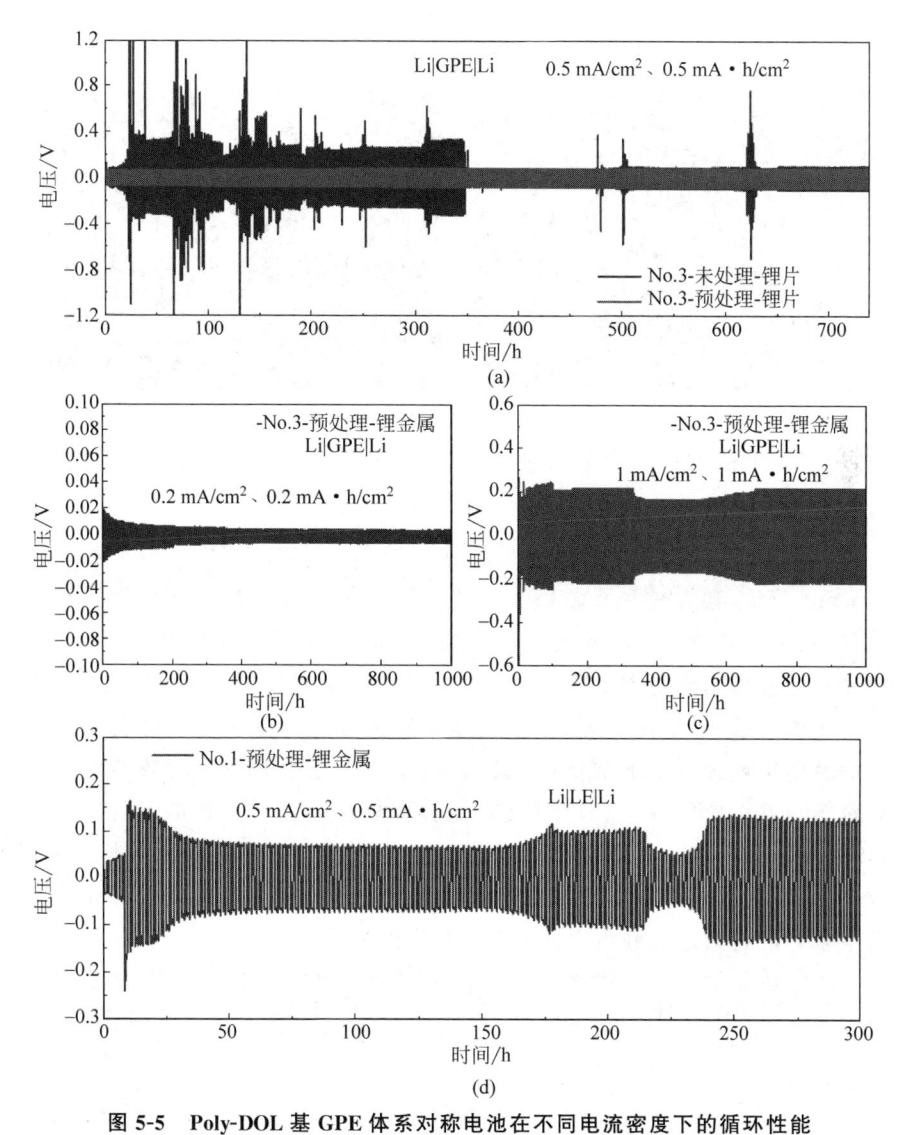

图 5-5　Poly-DOL 基 GPE 体系对称电池在不同电流密度下的循环性能

(a) $0.5\ \text{mA/cm}^2$；(b) $0.2\ \text{mA/cm}^2$；(c) $1\ \text{mA/cm}^2$；
(d) 预处理-锂金属在 $0.5\ \text{mA/cm}^2$ 电流密度下使用液态电解质时对称电池的循环性能

为了深入解析上述电化学行为，本节通过 FE-SEM 对基于 Poly-DOL 基 GPE 的对称电池中循环 100 圈后的锂负极表面进行失效分析，如图 5-6 所示。在未经任何预处理的锂负极表面循环 100 圈后出现了具有颗粒状和带状锂枝晶的形貌。对比之下，在预处理的锂负极循环下则可以看到光滑而平坦的表面,说明其锂离子电镀/剥离过程高度可逆。

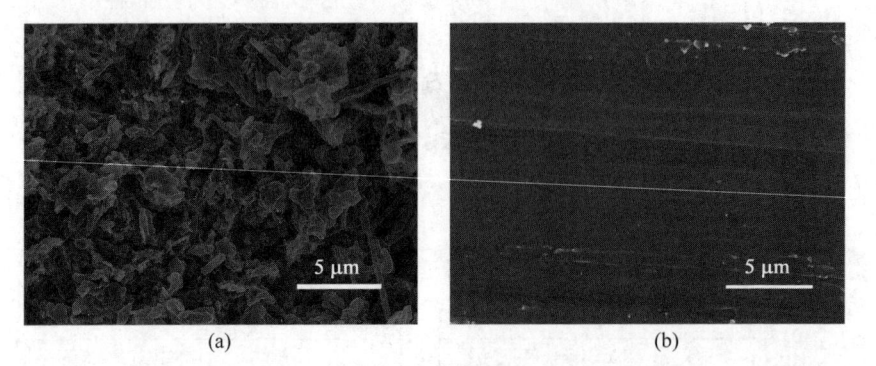

图 5-6　Li‖Li 对称电池在 0.5 mA/cm² 测试条件下循环 100 圈后锂金属表面形貌
(a) 未处理-锂金属;(b) 预处理-锂金属

为了进一步探索原位聚合和硝化预处理过程的协同效应,本节对在 0.5 mA/cm² 电流密度下循环 100 圈后的对称电池进行了电化学阻抗测试,研究了不同情况下的界面行为。如图 5-7 所示,通过等效电路拟合(见图 5-7(a)插图),未经预处理的锂对称电池体电阻(23.51 Ω)是经过预处理条件下的约 4 倍(6.85 Ω)。尤其是对于电荷转移电阻,前者的电阻为 17.7 kΩ,而后者则保持在较低的数值(43.4 Ω)。原因是人造 SEI 层有效地阻止了锂负极与 SN 之间的副反应,并促进了界面处离子的快速扩散过程。以上电化学阻抗结果进一步验证了在循环中稳定 SEI 对锂负极的关键作用。此外,该发现有力地说明了原位聚合策略和在锂负极上构造人工 SEI 双管齐下策略能有效形成锂负极与电解质稳定的界面。

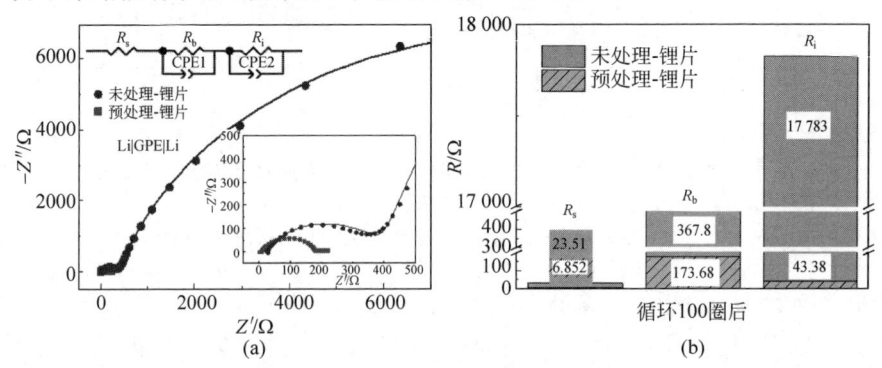

图 5-7　Li‖Li 对称电池在 0.5 mA/cm² 测试条件下循环 100 圈后的电化学阻抗(a)和对应的等效电路拟合结果(b)

5.6　Poly-DOL 基固态电池的电化学性能

Poly-DOL 基 GPE 的宽电化学窗口使其可以与多种商业正极材料（如 LFP、LMO、LCO）匹配。图 5-8(a)展示了与 LFP 匹配的固态电池在常温下的长循环性能。经过预处理-Li|Poly-DOL 基 GPE|LiFP 全电池在室温及 1 C 下经过 1000 次循环后，其比容量仍有约 105.7 mA·h/g，容量保持率为 83.55%，即每个循环过程中仅衰减 0.016%，其优异的电化学性能得益于原位聚合和非原位预处理协同作用构建了稳定的界面。此外，经过 1000 次循环，其平均库仑效率仍可保持 98.98% 以上，高度可逆的锂离子电镀/剥离行为为实现超长的循环寿命提供了保障。相反，未经过预处理的锂金属全电池在循环 150 圈后其比容量由初始约 118.7 mA·h/g 快速降到约 79.4 mA·h/g，且伴随着较低的平均库仑效率(94.15%)和较差的容

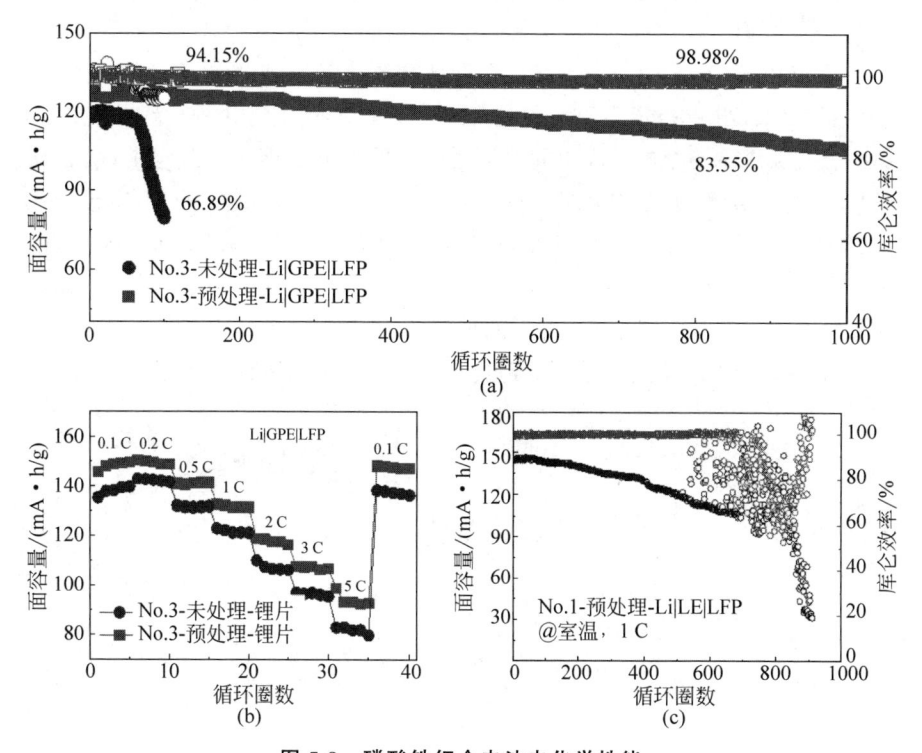

图 5-8　磷酸铁锂全电池电化学性能

(a) Li|Poly-DOL 基 GPE|LFP 全电池在 1 C 电流密度下的室温循环性能；(b) 室温下 Poly-DOL 基 Li||LFP 全电池在不同电流密度下的倍率性能；(c) Li|LE|LFP 全电池在 1 C 电流密度下的室温循环性能

量保持率(66.89%)。此外,液态电解质Li|LE|LFP全电池即使对使用的锂负极进行了预处理,依然显示出快速的比容量衰减,并且在循环650圈后失效,如图5-8(c)所示。

因此,Poly-DOL基GPE可有效抑制枝晶的生长;SN和未处理的锂金属之间的严重副反应是造成未处理-Li|GPE|LFP全电池性能较差的主要原因。当对锂金属进行预处理后会形成稳定的人造SEI膜,并且即使在存在液态电解质的情况下,预处理-Li|LE|LFP电池也具有延长循环寿命的效果。以上电化学结果突出了固态电池中锂负极非原位人造SEI膜构建和原位聚合协同效应的重要意义。如图5-8(b)所示,该协同效应下全电池表现出优异的倍率性能,即使在5 C下仍有约92.6 mA·h/g的比容量。值得注意的是,只有在同时利用原位聚合和负极硝化预处理相结合的情况下,才能实现稳定低阻抗界面的构建,从而实现优异的可逆锂离子脱嵌过程,最终获得全电池优异的循环和倍率性能,而具体的电化学机理仍需要得到进一步的研究。

本节鉴于Poly-DOL基GPE具有高抗氧化能力,匹配了具有更高电压平台的LMO并进行了室温下预处理-Li|GPE|LMO全电池循环性能的测试。图5-9展示了全电池在不同电流密度下的循环性能及充放电曲线,由充放电曲线可以看出存在明显的电压平台(约4 V)。制备的固态电池在0.05 C、0.1 C、0.2 C、0.3 C和0.5 C的电流密度下分别约有109.9 mA·h/g、98.7 mA·h/g、92.2 mA·h/g、91.1 mA·h/g和88.4 mA·h/g的放电比容量。随着在后续0.1 C电流密度下的长循环,其全电池循环126圈后仍保持约91.3 mA·h/g的高放电比容量(容量保持率为92.5%,库仑效率为98.49%)。

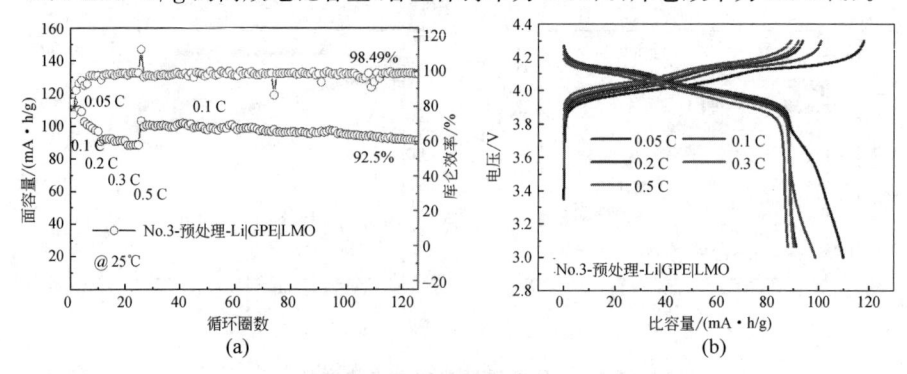

图5-9 锰酸锂全电池电化学性能(见文前彩图)

(a)室温下Poly-DOL基Li||LMO全电池在不同电流密度下的循环性能;(b)对应的充放电曲线

第5章 醚基聚合物电解质在固态电池中的应用及性能研究

本节为了研究 Poly-DOL 基 GPE 的高温电化学性能,进行了预处理-Li|Poly-DOL 基 GPE|LCO 全电池 CV 曲线及循环性能的测试。如图 5-10(a) 所示,预处理-Li|Poly-DOL 基 GPE|LCO 电池的 CV 曲线中出现 3 对关键的氧化/还原反应,这些特征峰的存在及重复性证明了 LCO 的典型氧化还原特性和可逆的氧化还原过程。根据 Reimers 和 Dahn 的报道[173],由 I 标记的主峰对应于从 $LiCoO_2$ 到 $Li_{0.8}CoO_2$ 的一阶跃迁,$Li_{0.8}CoO_2$ 具有沿 c 方向扩展的六角形晶格特征,次峰(II 和 III)表示从六角形晶格到单斜对称的转变。图 5-10(b) 展示了 40℃时在 0.1 C 电流密度下全电池前 5 个循环的充电、放电曲线,其初始放电比容量为 138.3 mA·h/g。图 5-10(c) 给出了 40℃下预处理-Li|Poly-DOL 基 GPE|LCO 和预处理-Li|LE|LCO 的循环性能比较。即使对锂金属进行了预处理,液态体系的全电池在最初的几个循环中仍然出现比容量快速衰退;此外,如图 5-10(c) 所示,循环后电解

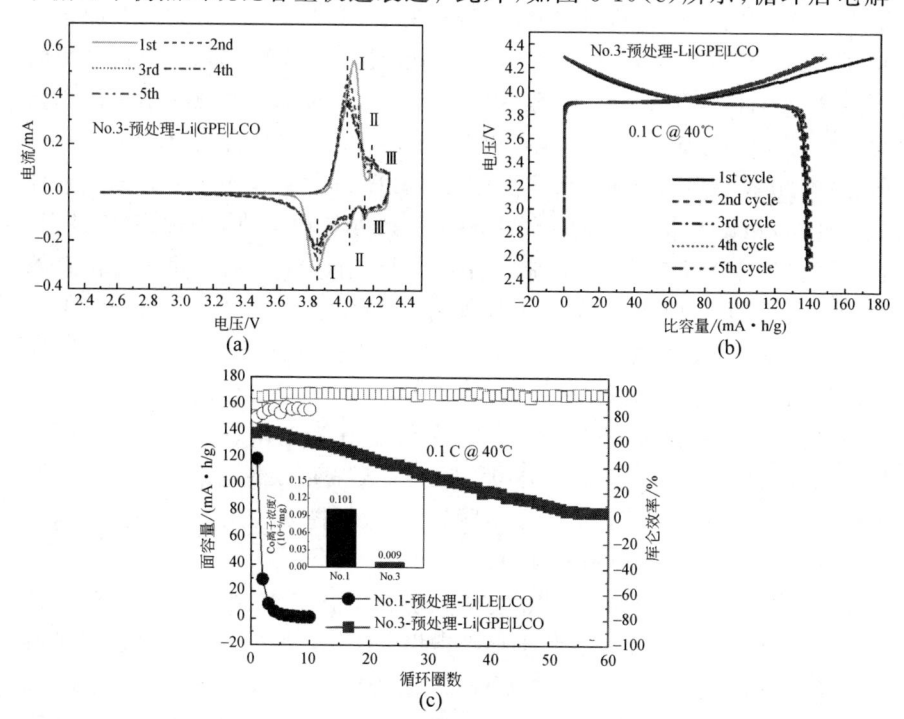

图 5-10 钴酸锂全电池电化学性能(见文前彩图)

(a) 预处理-Li|Poly-DOL 基 GPE|LCO 全电池在 0.01 mV/s 扫描速率下的 CV 曲线;(b) 预处理-Li|Poly-DOL 基 GPE|LCO 全电池在 40℃条件下,在 2.5~4.3 V 电压范围内、0.1 C 电流密度下前 5 个循环的充放曲线;(c) 预处理 Li|Poly-DOL 基 GPE|LCO 和预处理 Li|LE|LCO 全电池在 40℃下的循环性能,插图分别表示 LE(黑色)和 Poly-DOL 基 GPE(红色)的 ICP-MS 测试结果

液中电感耦合等离子体(ICP)的测试结果表明,Co 离子在液态电解质中会发生严重的歧化反应,从而引起过渡金属离子的溶解效应。而使用 Poly-DOL 基 GPE 的全电池在 40℃下可稳定循环 60 圈,且其 ICP 测试结果显示,Co 离子在 Poly-DOL 基 GPE 中的浓度可忽略不计,这表明 Poly-DOL 基 GPE 电解质从液态到固态的转化可以较好地抑制高温下过渡金属离子的溶解效应,从而提高其安全性。

5.7　Poly-DOL 基固态电池中 SEI 膜和 CEI 膜表征

LiDFOB 具有相对较高的 HOMO 能级,显示出较好的抗氧化能力,并有助于在正极表面形成杨氏模量较高的 CEI[174]。同时,双盐体系下的阴离子(TFSI^{-1} 和 DFOB^{-1})通过与预处理的锂负极反应,将多种无机成分引入 SEI 层中,使得到的新型 Poly-DOL 基 GPE 与正极高压材料及锂金属负极表现出更好的界面相容性,并且进一步提升了锂离子电镀/剥离过程的可逆性。因此,稳定 CEI/SEI 膜的构建有利于提升电池的电化学性能。如图 5-11 所示,对 Li‖LCO 全电池循环 2 圈后的正负极表面进行 XPS 分析,研究发现在循环后锂负极上形成了含大量 LiF、Li$_3$N 和 LiN$_x$O$_y$ 等无机组分的 SEI 膜,相关报道表明,SEI 膜中的无机组分有利于锂离子的沉积过程,且对锂枝晶的生长有较好的抑制作用(见图 5-11(a)~(c))。由于富含 F、N 和 B 化合物的 SEI 膜可有效地调控锂离子沉积行为,同时无机组分相于对有机物具有较高的机械性能,有利于提高 SEI 膜的杨氏模量,从而能够抑制锂枝晶的形成。如图 5-11(g)所示,在 Poly-DOL 基 GPE 体系循环后,锂金属表面 SEI 膜的杨氏模量(约 2.62 GPa)远比液态体系产生的 SEI 膜的杨氏模量(约 0.72 GPa)高。此外,从其 AFM 形貌可以看出,由 Poly-DOL 基 GPE 产生的 SEI 膜表现出更加平滑的特征,且粗糙度约为 31.5 nm,有利于实现均匀的锂离子电镀/剥离过程。

而正极表面形成的 CEI 膜的主要成分由富含 F、N 和 B 的无机化合物组成(见图 5-11(d)~(f)),有利于提高铝集流体的耐腐蚀性并促进稳定界面的形成。TEM 观察结果表明,在预处理-Li│Poly-DOL 基 GPE│LCO 电池中,循环后的 LCO 上形成了均匀且致密的 CEI 膜(约 7 nm,见图 5-11(h))。这种较薄且杨氏模量较高的 CEI 膜不仅可以抑制电解质与正极之间的副反应,而且可以减小正极表面锂离子扩散的能垒[175]。

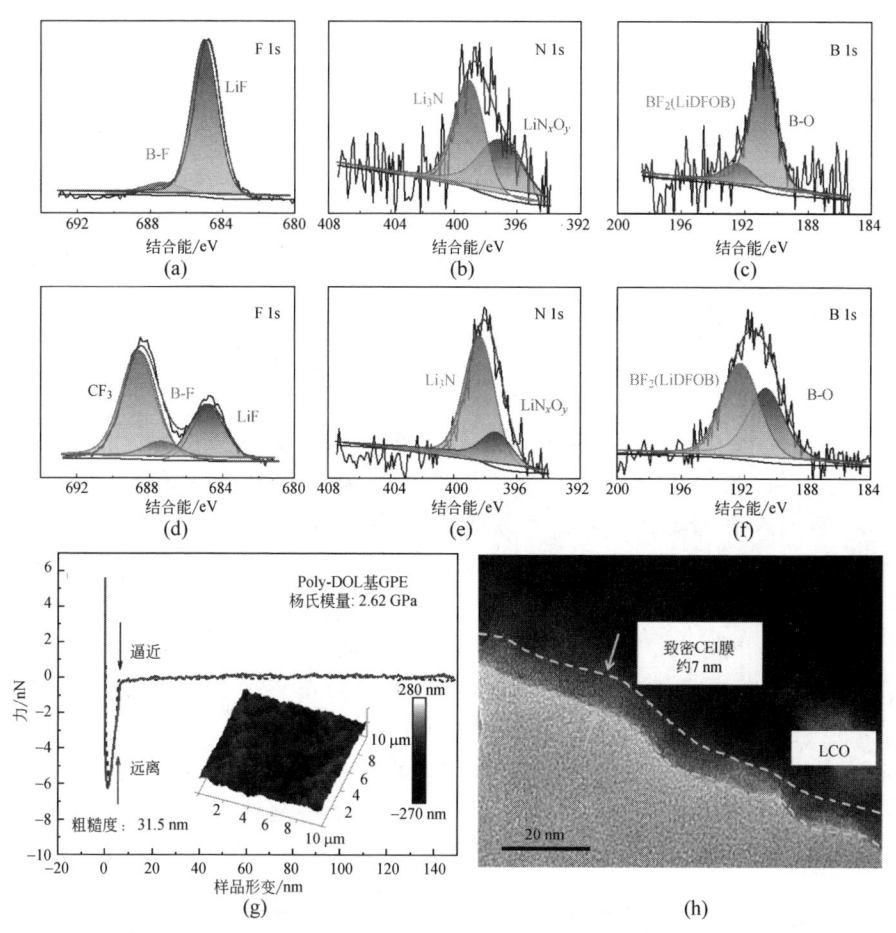

第 5 章　醚基聚合物电解质在固态电池中的应用及性能研究

图 5-11　在 40℃ 下循环 2 圈后,预处理-Li｜Poly-DOL 基 GPE｜LCO 全电池中负极表面 SEI 膜(a)~(c)和正极表面 CEI 膜(d)~(f)的 XPS 分析(见文前彩图)

(a)、(d) F 1s 光谱；(b)、(e) N 1s 光谱；(c)、(f) B 1s 光谱；(g) 锂金属表面 SEI 膜力-位移图,插图表示相应的 3D AFM 扫描图像；(h) 在 LCO 正极表面 CEI 膜的 TEM 图像

因此,在锂金属硝化预处理和原位凝胶化形成双盐体系的共同作用下,在正负极表面分别形成了富含多种无机组分(F、N、B)的 CEI 膜和 SEI 膜,从而有效地调控了电解质和电极之间的界面相容性,锂金属全电池在室温和高温下得以实现优异的电化学性能。

5.8 本章小结

本章采用阳离子原位开环聚合法制备了 Poly-DOL 基 GPE,结合锂金属硝化预处理过程,在金属锂和正极材料表面分别形成富含 N、F、B 的 SEI 膜和 CEI 膜,有效改善了 Poly-DOL 基 GPE 与正负极之间的界面兼容性,可同时匹配多种商业化正极材料(如 LCO、LFP、LMO),为锂金属聚合物电池产业化发展提供了一定的理论指导。本章得出的主要结论如下。

(1) 首次利用有机盐 LiDFOB 引发 DOL 原位开环聚合,得到的 Poly-DOL 基 GPE 具有高的抗氧化能力(大于 5 V)、良好的室温离子电导率(约 3.9×10^{-4} S/cm,25℃),以及可在界面处提供连续稳定的导离子通道。

(2) 通过原位聚合在 Poly-DOL 基 GPE 中双盐体系的形成和锂金属负极表面人造 SEI 膜的构建,有效地调控了电解质与电极材料的界面兼容性,尤其是调控了锂离子的沉积行为,抑制了枝晶的生长,实现了高度可逆的锂离子电镀/剥离过程。

(3) 将 Poly-DOL 基 GPE 应用于固态电池中,获得了优异的电化学性能,其电解质与界面兼容性的调控关键在于正负极表面稳定 SEI 膜和 CEI 膜的构建。

(4) 原位聚合拓宽了醚类电解质 DOL 的电化学稳定窗口,实现了与多种商业正极材料的成功匹配,有助于推进原位聚合基锂金属聚合物电池的大规模产业化进程。

第 6 章　高锂离子迁移数的醚基共聚物电解质制备及其快充性能研究

6.1　本章引言

追求高能量密度锂金属电池对于智能电网和电动汽车的应用具有重要意义[176]。电解质在高能量密度锂金属电池的发展中起着极其重要的作用[177]。但是，当前的智能电网和电动汽车广泛使用传统有机液态电解质基锂离子电池，而这些锂离子电池的应用仍面临很多挑战，例如，存在泄漏、爆炸等灾难性安全风险和能量密度较低、充放电速率较慢等问题[124,178]。SPE 作为一类十分重要的固态电解质，因具有许多优点而被报道在未来动力电池的应用中拥有较好的前景。与液态电解质相比，SPE 对锂枝晶生长具有良好的抑制作用，可有效提高锂金属电池的安全性和能量密度[179]。同时，与无机固态电解质相比，SPE 具有优异的柔韧性、易加工性和形成界面稳定等优点[180]。然而，SPE 膜复杂的非原位合成方法（如流延法）具有能耗高、后处理过程复杂等缺点，导致电极与电解质界面处的接触性和亲和性较差[87]。而原位聚合制备 SPE 不仅可在正负极界面形成连续的导离子网络结构（尤其是在多孔正极材料的应用中），而且具有容易构建低阻抗的稳定界面、制备工艺简单及生产效率高等优点，从而有利于推动该聚合物类锂金属电池大规模的产业化应用[88]。

为了更好地优化电解质中锂离子迁移及其电化学过程，理想的 SPE 一般需要满足室温离子电导率高、锂离子迁移数较高及电化学稳定等优点。此外，SPE 基电池体系在大电流下的循环性能（快充性能）及电化学机理的研究较少，不利于动力电池的大规模商业化应用。据文献报道，电解质中锂离子的迁移扩散效率对于快充过程起着十分关键的作用[126]，因此迫切需要开发具有高锂离子迁移数的 SPE，即具有较高锂离子迁移扩散效率的 SPE[123]。这是由于高的锂离子迁移扩散效率有利于改善电池循环过程在电解质中形成的离子浓差极化效应[181]。但是，目前大多数 SPE 的锂离子迁移数低于 0.5,导致在循环过程中正负极间形成离子浓度梯度,产生离子浓差极化效应,从而引起锂离子分布不均匀,直接导致锂枝晶的形成。此外,伴随着电池过电位的增加,电池工作电压下降,从而严重限制了 SPE 基电池的充电倍率和放电倍率,以及厚电极在高能量、高功率密度锂金属电池中的应用[182]。迄今为止,科学家已经提出了很多提高 SPE 锂离子迁移数的有效策略,包括将阴离子固定在聚合物骨架上[183-185]和引入无机纳米导电陶瓷颗粒等[186-187]。此外,大多数干 SPE 的室温下离子导电率过低,以及与多孔电极的界面接触较差,限制了其在锂金属电池中的应用。例如,Armand 等报道了一种基于多功能聚阴离子嵌段共聚物的单离子导体,因为其在 60℃时的离子电导率仅约为 10^{-5} S/cm,这极大地限制了其在锂金属电池中的应用[183]。为了提高锂离子在干 SPE 中的传输能力,常用的方法是添加少量的增塑剂形成 GPE[167,188-189]或复合 GPE[132,190-192]。

　　本章通过原位共聚合反应制备了一种基于醚类电解质的新型凝胶共聚物(ECP 基 GPE),该聚合物具有较高的锂离子迁移数(约 0.64)。同时,原位共聚过程有利于提高其对多孔电极的润湿性,以及聚合后在界面处形成连续的导离子网络结构,从而实现在多孔电极中快速的锂离子扩散过程[160]。得到的 ECP 基 GPE 电解质具有较高的室温离子电导率(约 1.08×10^{-3} S/cm),优异的锂离子迁移数(约 0.64)和在高电流密度(高达 5 mA/cm^2)下表现出均匀的锂离子电镀/剥离行为。此外,组装的 Li‖LFP 全电池以 50 μm 锂箔作为负极时可实现高倍率(5 C)下稳定循环 1000 圈,容量保持率为 90.8%,而且同时可实现厚多孔电极的良好界面兼容性(LFP 负载质量为 10.65 mg/cm^2),以及用限量锂(4 mA·h)为负极时优异的电化学性能,因此,高锂离子迁移数的 ECP 基 GPE 有利于推动高能量密度电池快充性能的发展。

6.2　实　验　部　分

6.2.1　ECP 基 GPE 的合成

　　实验中首先将 LiPF$_6$ 和 LiFSI 在真空中于 120℃干燥 24 h。然后将准备好的 DOL 和 THF 的混合前驱体溶液(0.2 mol/L LiPF$_6$ + 1 mol/L LiFSI)注入商业聚丙烯隔膜中,利用原位聚合反应获得 ECP 基 GPE,该聚合过程不需要进行加热等处理,静置 12 h 即可完成原位聚合过程。以上制备过程在充满氩气的手套箱中完成（O_2 浓度小于 0.1×10^{-7}，H_2O 浓度小于 0.1×10^{-7}）。此处的电解质浓度以"M"为单位，表示摩尔浓度（基于盐的摩尔数与溶剂体积之比）。液态电解质体系为 1 mol/L LiFSI 溶解在 DOL 与 THF 的混合溶剂中。ECP 基 GPE 为 0.2 mol/L $LiPF_6$ 溶解在 DOL 与 THF 混合溶剂中后形成的凝胶体系。

6.2.2 ECP 基 GPE 的固态电池原位装配及性能表征

LFP 正极材料在使用前放置在 60℃恒温烘箱中静置 12 h 以烘干除去水分。正极浆料的准备过程与前面正极材料的制备过程一致，准备好浆料后用厚度分别为 100 μm 和 400 μm 的刮刀将准备的浆料涂覆在铝集流体上以获得不同负载量的正极。准备好的极片在 120℃真空烘箱中干燥过夜，裁剪得到负载量分别约为 2.5 mg/cm^2 和 10.65 mg/cm^2 的正极片以待使用。

Li‖Cu、Li‖Li 和 Li‖LFP 等 CR2032 型扣式电池在手套箱中通过阳离子原位开环共聚反应进行原位组装。所有电池的电化学性能都是通过 LAND-CT2001A 设备进行测试的。在非对称 Li‖Cu 电池中，通过测试不同容量条件下的库仑效率及观测锂离子沉积形貌，本章研究了 ECP 基 GPE 中锂离子剥离及沉积的特征。本章通过测试不同电流密度下对称电池的循环性能，研究了锂金属负极与 ECP 基 GPE 的界面兼容性，同时利用 COMSOL 软件进行了有限元模拟，分析了锂金属负极与电解质界面的电场分布及对锂离子沉积行为的影响。Li‖LFP 全电池的倍率和循环性能通过在不同电流密度下及 2.4～4.0 V（1 C = 170 mA·h/g）的充放电压范围下进行测试获得。

6.3 ECP 基 GPE 的合成机理分析

如图 6-1(a) 所示，路易斯酸 PF_5 可先后引发 DOL 和 THF 开环聚合反应，从而得到 ECP 基 GPE(Poly(DOL-co-THF))。本节利用 Fukui 函数计算 DOL 和 THF 中氧原子的 Fukui 函数值，分别约为 0.216 eV 和 0.063 eV，该值越小说明其活性越高，即 DOL 中的氧原子更容易被路易斯酸 PF_5 攻击，THF 的氧原子随后被陆续攻击，从而发生开环共聚合。该反应完成后得到了一种可以自支撑的棕色 ECP 基 GPE。而当前驱体溶液中只添加 1 mol/L LiFSI 时，静置 12 h 后没有出现凝胶现象，同时当只添加 0.2 mol/L $LiPF_6$ 时也会出现同样自支撑的棕色 ECP 基 GPE′，以上结果表明，$LiPF_6$

是该原位共聚反应的引发剂。NMR用来表征ECP基GPE聚合物骨架结构的变化特征。如图6-1(b)和(c)所示，在NMR氢谱中出现了在约1.51×10^{-6}、3.60×10^{-6}、4.63×10^{-6}位置处的特征峰，在NMR碳谱中出现在约2.658×10^{-5}、6.692×10^{-5}和9.519×10^{-5}位置处的特征峰，证明了DOL和THF发生了原位开环共聚反应[188,193]。此外出现在液态电解质中约3.60×10^{-6}位置的氢特征峰可能是由于LiFSI盐中不纯相SbF_3引发微量DOL开环聚合导致的[194-195]。

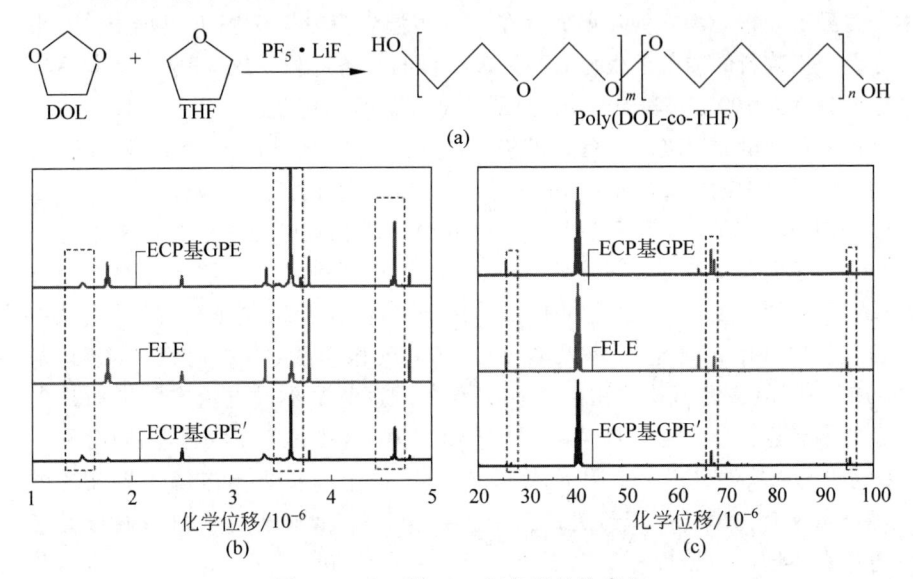

图6-1 ECP基GPE制备及结构表征

(a) 阳离子开环共聚机制；(b) ECP基GPE的NMR氢谱；(c) ECP基GPE的NMR碳谱

6.4 ECP基GPE的物理化学性能表征

LSV用来测试ECP基GPE的电化学窗口。如图6-2(a)所示，在开路电压至4.5 V的电压区间没有观测到ECP基GPE有明显的氧化电流，说明其在4.5 V以下能够保持电化学稳定，该共聚过程显著拓宽了醚类液态电解质的电化学窗口(小于3.92 V)。如图6-2(b)所示，ECP基GPE的离子电导率是以不锈钢电极作为阻塞电极，在20~60℃条件下进行EIS测试的，研究发现，其离子电导率随温度的变化可以较好地通过VFT经验公式进行拟合，即其变化满足非线性关系，拟合结果如表6-1所示。ECP基

GPE 具有约 1.08×10^{-3} S/cm 的室温离子电导率,略低于液态电解质的离子电导率(约 8.2×10^{-3} S/cm);而其活化能 E_a(约 0.33 KJ/mol)比 ELE 体系(约 0.42 KJ/mol)更低,说明 ECP 基 GPE 中具有更低的锂离子扩散能垒。对于 ECP 基 GPE′具有较差的室温离子电导率(约 6.9×10^{-5} S/cm)及极高的活化能(约 1.26 KJ/mol),其原因可能是电解质体系中载流子数量(锂离子通量)受限,因此后面关于电化学性能的研究将不再讨论该体系。因此,ECP 基 GPE 的高室温离子电导率及低的能垒扩散有利于降低欧姆极化,有可能实现大电流下锂金属电池快速的锂离子迁移过程。

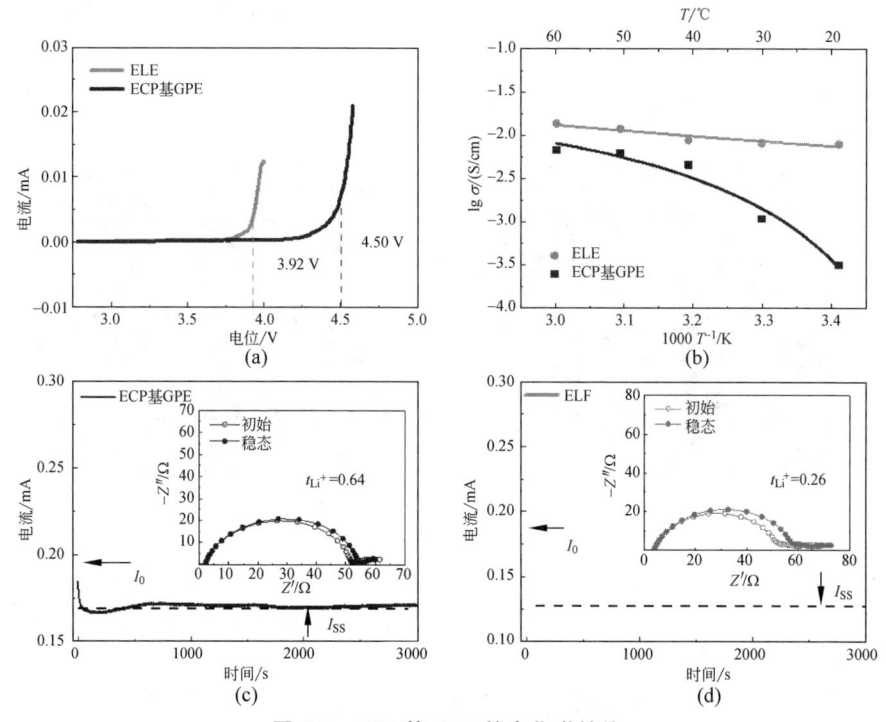

图 6-2 ECP 基 GPE 的电化学性能

(a) ECP 基 GPE 的电化学窗口;(b) ECP 基 GPE 的离子电导率随温度的变化;(c) ECP 基 GPE;
(d) ELE 用对称电池在 10 mV 极化电压下的恒电流曲线,以及极化前后的 EIS 结果(如插图所示)

表 6-1 ECP 基 GPE 离子电导率通过 VFT 方程的拟合结果

电 解 质	σ @ 30℃ / (S/cm)	σ_0 / (S/(cm·K$^{1/2}$))	E_a / (KJ/mol)	T_0/K
ELE	8.2×10^{-3}	3.16	0.42	122
ECP-GPE	1.08×10^{-3}	0.83	0.33	272.48

ECP 基 GPE 的锂离子迁移数通过 EIS 和恒电流极化测试相结合得到。据报道,电解质较高的锂离子迁移数可有效缓解循环过程中的浓差极化效应,以及提高锂离子的扩散效率,从而实现在高电流密度下均匀且稳定的锂离子沉积行为[126]。如图 6-2(c)所示,可以看出,ECP 基 GPE 的锂离子迁移数高达约 0.64,相比于 ELE 体系(约 0.26)提升了近 1.5 倍。ECP 基 GPE 中锂离子迁移数的提高主要是由于聚合物分子骨架中醚氧对于阴离子的固定效应,进而提高了锂离子的迁移扩散能力。

分子动力学方法(MD)用来研究 ECP 基 GPE 与传统液态电解质中溶剂化结构的差异,从而研究其中锂离子和阴离子的扩散或迁移规律。图 6-3(a)和(b)分别表示 ELE 体系和 ECP 基 GPE 体系的溶剂化结构特征,可以看出在 ELE 体系中,锂离子周围被溶剂分子包围形成经典的溶

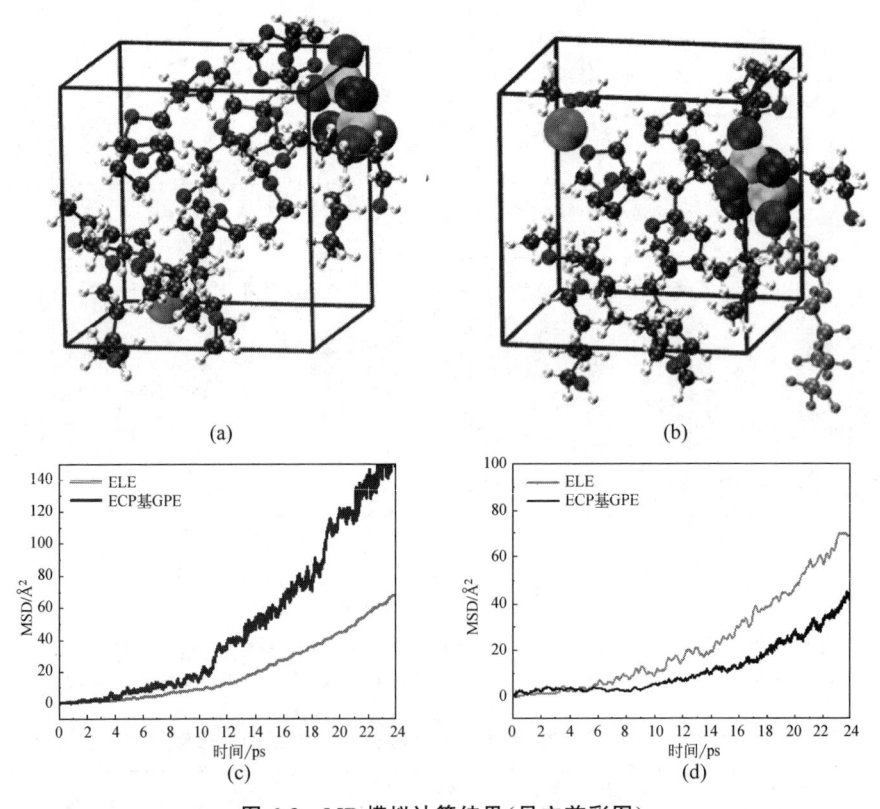

图 6-3　MD 模拟计算结果(见文前彩图)

(a) ELE 体系中经典的溶剂化结构示意图;(b) ECP 基 GPE 中溶剂化结构示意图;(c) 所研究电解质体系中锂离子随模拟时间的均方位移;(d) 所研究电解质体系中阴离子随模拟时间的均方位移

化环境特征，从而引起锂离子迁移扩散能垒增加；相比之下，ECP 基 GPE 中形成了独特的溶剂化特征，阴离子主要分布在聚合物嵌段分子周围，同时锂离子周围溶剂分子明显减少，即溶剂化作用减弱。基于以上分析，本节进一步进行了离子扩散过程的计算，如图 6-3(c) 和 (d) 所示。

ECP 基 GPE 的聚合物骨架由于对阴离子具有固定效应而表现出较快的锂离子迁移扩散能力和较慢的阴离子扩散过程；而 ELE 中锂离子的扩散明显受阻，计算结果表明，ECP 基 GPE 中锂离子和阴离子的扩散系数分别约为 1.76×10^{-10} m^2/s 和 0.47×10^{-10} m^2/s，而在 ELE 中分别约为 0.65×10^{-10} m^2/s 和 0.82×10^{-10} m^2/s。以上理论计算结果验证了 ECP 基 GPE 体系具有较快的锂离子迁移扩散能力。

TGA 用来分析 ECP 基 GPE 的热力学稳定性。如图 6-4 所示，当温度上升到 180℃时，ECP 基 GPE 的残余质量分数为 80%；而 ELE 仅剩 30% 左右的残余质量，以上结果表明，聚合反应有利于提高电解质的热稳定性，从而进一步提高电池的安全性。

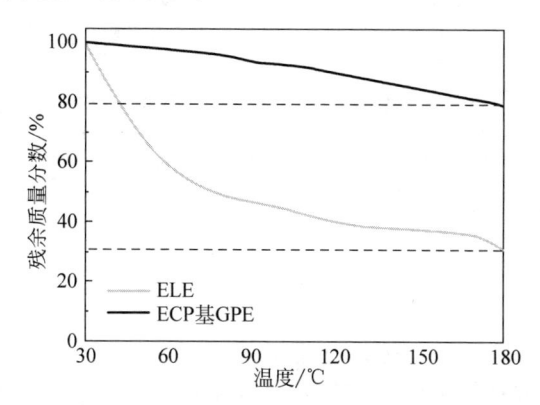

图 6-4　ECP 基 GPE 与 ELE 电解质体系的 TGA 分析

6.5　ECP 基 GPE 中锂离子的电镀/剥离行为研究

为了研究 ECP 基 GPE 中锂离子的电镀/剥离行为特征，本节利用 Li‖Cu 电池对不同电解质体系下的库仑效率进行了测试。如图 6-5(a) 所示，在 1 mA/cm^2、1 mA·h/cm^2 的测试条件下，Li|ECP 基 GPE|Cu 电池循环 300 圈后的平均库仑效率约为 99.03%；相反，在 ELE 体系中，Li‖Cu 电池在循环 100 圈后的库仑效率开始出现不稳定的波动，这可能与锂沉积过程

中枝晶大量形成有关；由其充放电曲线（见图 6-5(b)和(c)）可以看出，ELE 体系中 Li‖Cu 电池在循环 1 圈、20 圈、50 圈、100 圈和 150 圈后的充放电曲线极化电压依次约为 107 mV、222 mV、232 mV、843mV 和 1185 mV；相比之下，ECP 基 GPE 体系在循环 1 圈、50 圈、100 圈、200 圈和 300 圈后的极化电压仅分别约为 55 mV、53 mV、63 mV、73mV 和 77 mV，说明在 ECP 基 GPE 体系中原位形成的界面更为稳定。进一步探索其在大电流密度下的电镀/剥离特征，测试结果表明，在 2 mA/cm^2、2 mA·h/cm^2 条件下的库仑效率仍有约 97.92%，如图 6-5(d)所示。ECP 基 GPE 体系中高度可逆的锂离子电镀/剥离行为与其较快的锂离子迁移扩散过程有关。

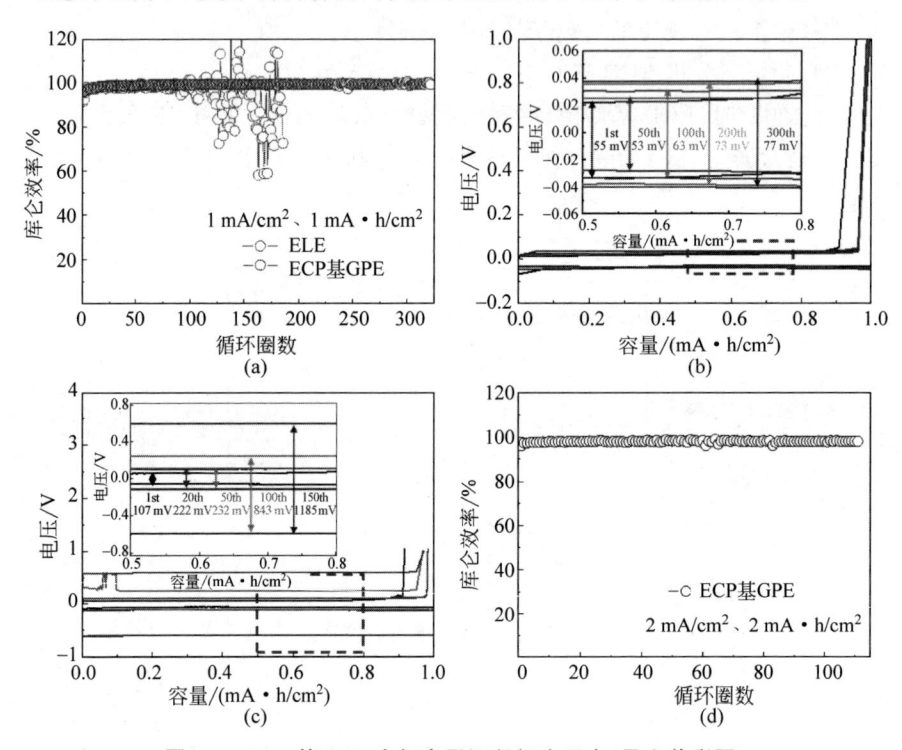

图 6-5 ECP 基 GPE 中锂离子沉积行为研究（见文前彩图）
(a) Li‖Cu 半电池在 1 mA/cm^2、1 mA·h/cm^2 测试条件下的库仑效率；(b) ECP 基 GPE 体系下对应的充放电曲线；(c) ELE 体系下对应的充放电曲线；(d) Li‖Cu 半电池在 2 mA/cm^2、2 mA·h/cm^2 测试条件下的库仑效率

Li‖Li 对称电池用来研究 ECP 基 GPE 对金属锂负极的界面兼容性。如图 6-6(a)所示，在 1 mA/cm^2 的电流密度下进行 1 h 充电、1 h 放电，可以看出不同电解质体系下对称电池的循环性能有所差异，Li|ECP 基 GPE|Li

对称电池在循环 500 h 后仍可保持较低且稳定的极化电压(约 20 mV),说明 Li|GPE 界面具有稳定的锂均匀沉积过程及良好的界面兼容性;相反,ELE 体系在循环 200 h 后发生了短路,可能与枝晶刺穿隔膜有关。此外,为了研究锂离子迁移数对大倍率下锂离子电镀/剥离的影响,本节在 2 mA/cm^2 和 5 mA/cm^2 电流密度下分别进行 1 h 充电、1 h 放电以测试对称电池的循环性能,如图 6-6(b)和(c)所示。显而易见,Li||Li 对称电池在大电流下稳定的循环性能进一步验证了 ECP 基 GPE 体系中优异的锂离子电镀/剥离行为。

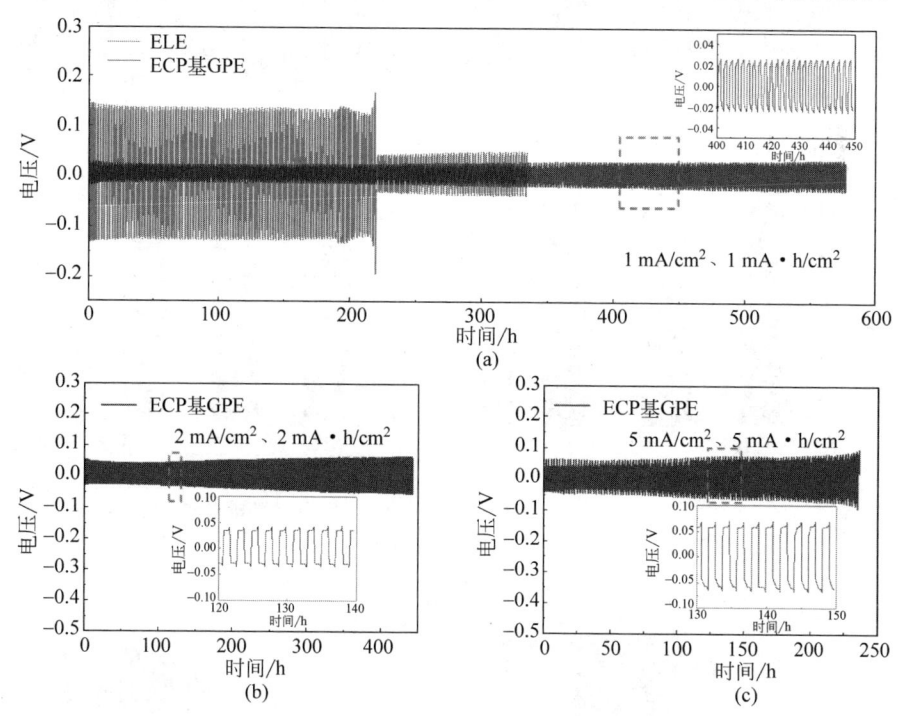

图 6-6 Li||Li 对称电池在 1 mA/cm^2、1 mA·h/cm^2(a)、2 mA/cm^2、2 mA·h/cm^2(b)和 5 mA/cm^2、5 mA·h/cm^2(c)测试条件下的循环性能

FE-SEM 用来观察铜集流体上沉积的锂形貌特征。如图 6-7(a)所示,锂离子在 ELE 体系下的沉积形貌呈现疏松多孔的条状锂,且存在大量锂枝晶;由其断口形貌也可发现,沉积 1 mA·h 的锂厚度(约 10.2 μm)远远超过其理论厚度(约 4.85 μm)。而在 ECP 基 GPE 体系中的锂沉积形貌则较为光滑、致密,且大多为块状椭圆锂,说明锂离子沉积过程较为均匀;同时,其横截面特征也表明沉积过程较为均匀、致密,如图 6-7(b)所示。锂离子沉积形貌特征与在 Li||Cu 和 Li||Li 电池中观察到的电化学性能相吻合,

这表明更均匀且致密的锂离子电镀/剥离行为有利于缓解金属锂负极与电解质的界面副反应并形成稳定的界面。

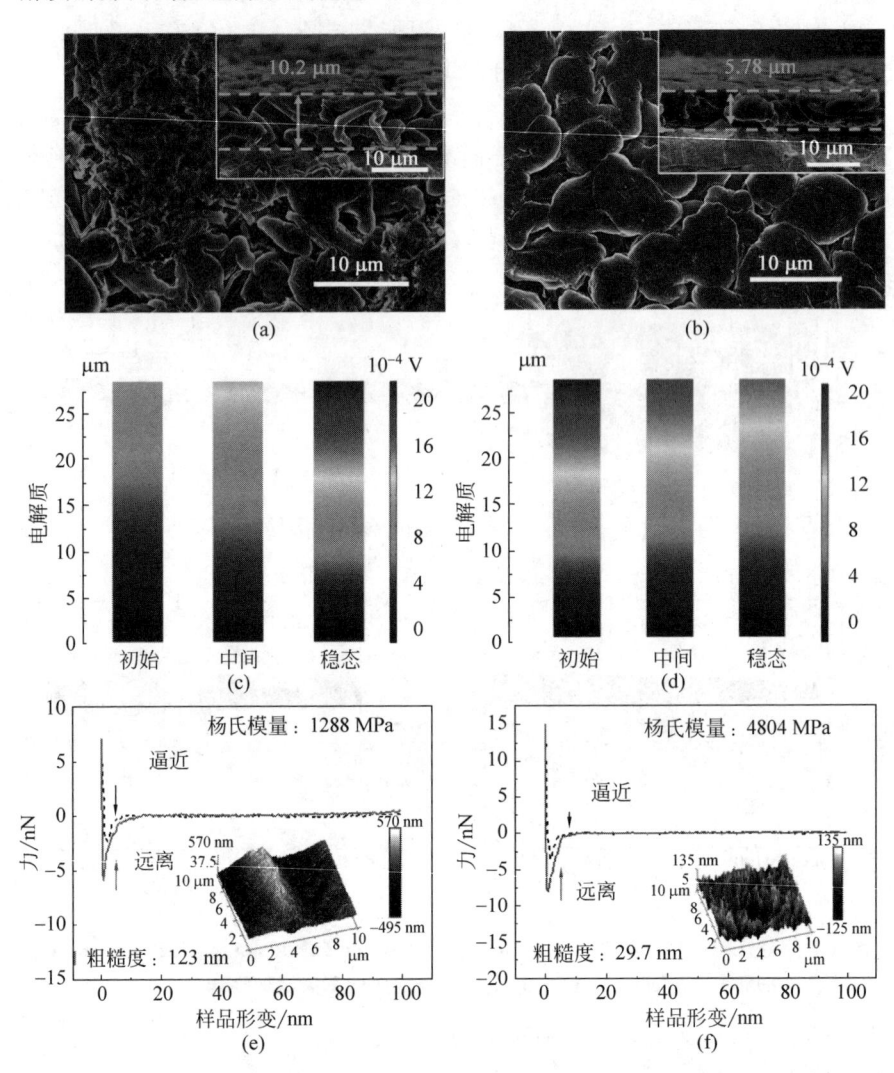

图 6-7 Li‖Cu 半电池中 1 mA/cm² 电流密度下铜集流体表面沉积 1 mA·h/cm² 锂的沉积形貌，ELE 体系(a)和 ECP 基 GPE 体系(b)，其中插图为断口形貌；在 1 mA/cm² 电流密度下循环过程中锂金属负极与电解质界面电场模拟，ELE 体系(c)和 ECP 基 GPE 体系(d)，其中厚度为电解质到锂金属负极表面的距离；SEI 膜在 AFM 测试中的力-位移曲线，ELE 体系(e)和 ECP 基 GPE 体系(f)，其中插图为 SEI 膜三维 AFM 形貌图(见文前彩图)

为了深入解析锂离子迁移数在锂离子电镀/剥离行为中的作用,本节使用有限元方法(FEA)模拟电解质与电极表面之间的电场分布,如图 6-7(c)和(d)所示。如上所述,ELE 的锂离子迁移数较低从而导致不均匀的锂沉积过程,其主要原因一方面是 ELE 中自由的反向移动阴离子限制了锂离子的快速迁移,另一方面则是锂离子容易与溶剂分子形成溶剂鞘结构导致迁移速率较慢,从而在锂金属负极与电解质界面容易形成局部电场,如图 6-7(c)所示。因此,循环过程中 ELE 中锂离子浓度梯度的存在诱导了局部电场形成,从而促使出现不均匀的锂离子电镀/剥离过程,最终导致枝晶的生长[184]。对于 ECP 基 GPE 体系,电解质中较高的锂离子迁移数提高了锂离子迁移扩散效率,促进了锂金属负极与电解质界面均匀电场的形成,实现了均匀的锂离子通量,这与铜集流体表面锂的沉积形貌特征非常吻合。

值得注意的是,稳定 SEI 膜的设计在电解质与电极之间稳定界面的构建中起着十分关键的作用。本节利用 AFM 观察了循环后锂金属负极表面 SEI 膜的形貌及杨氏模量特征。如图 6-7(e)所示,ELE 体系中形成的 SEI 膜具有较差的杨氏模量(约 1228 MPa)和高的粗糙度(约 123 nm),其表面及 3D 形貌特征表明杨氏模量较低的 SEI 膜容易被锂枝晶穿透,造成 SEI 膜在重复循环过程中的反复损坏和重建,加剧了电解质的分解与副反应,从而导致电池性能衰退。相反,在 ECP 基 GPE 体系中形成的 SEI 膜具有更光滑的表面、较低的粗糙度(约 29.7 nm)和较高的杨氏模量(约 4804 MPa,见图 6-7(f))。过程光滑且力学性能较好的 SEI 膜有利于稳定界面的形成,并能够实现均匀的锂离子通量,有效地抑制锂枝晶的生长[179]。

6.6 ECP 基 GPE 全电池的电化学性能

基于以上分析,具备高锂离子迁移数的电解质有利于提高锂离子在电解质中的迁移扩散效率,从而实现在大电流下高度可逆且均匀的锂离子电镀/剥离过程。图 6-8 展示了以 50 μm 的锂箔为负极的全电池循环性能及充放电曲线特征。研究发现,50 μm-Li|ECP 基 GPE|LFP 电池的初始放电比容量高达约 166.3 mA·h/g,并伴随着较高的首次库仑效率(约 99.0%),远高于基于 ELE 体系的全电池性能(分别约为 162.2 mA·h/g 和 92.56%)。此外,后者在 1 C 电流密度下循环 350 圈,其放电比容量开始快速衰减,且循环 600 圈后仅保持约 71 mA·h/g 的放电比容量,容量保持率仅约为 47.9%,并伴随极化电压的不断增加,如图 6-8(b)所示。基于

ELE 体系较差的全电池循环性能可能是由连续的副反应和有害的锂枝晶生长导致的。而 50 μm-Li|ECP 基 GPE|LFP 全电池在 1 C 电流密度下循环 600 圈后，放电比容量依然高达约 118.7 mA·h/g，且容量保持率约为 77.2%，此外，其充放电曲线呈现稳定的极化电压，如图 6-8(c)所示。

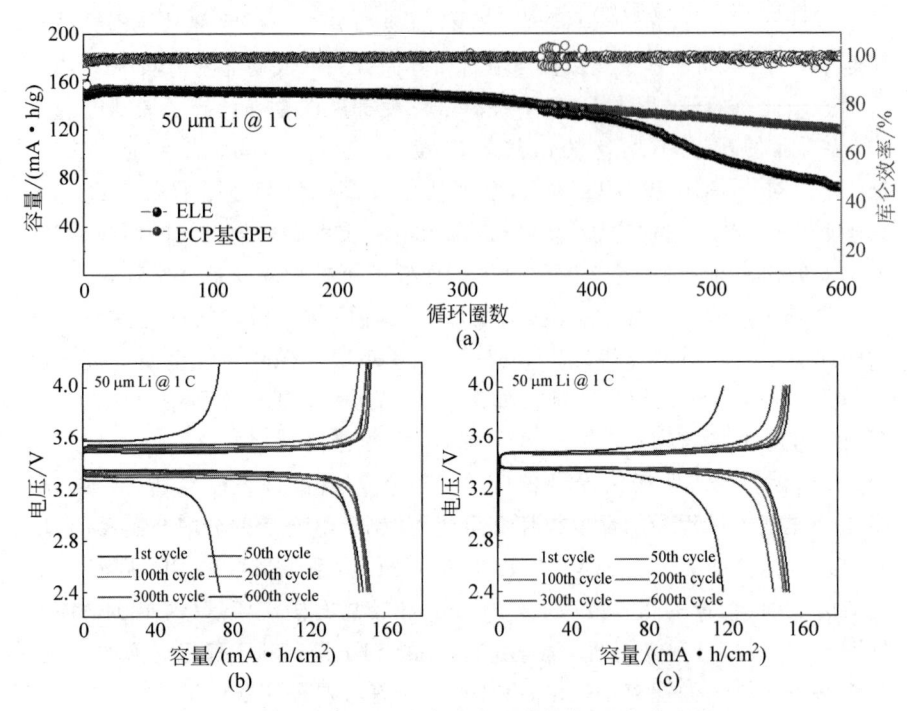

图 6-8　ECP 基 GPE 全电池电化学性能（见文前彩图）

(a) Li|ECP 基 GPE|LFP 全电池在 1 C 电流密度下的循环性能；(b) ELE 体系全电池在 1 C 电流密度下不同循环后对应的充放电曲线；(c) GPE 体系全电池在 1 C 电流密度下不同循环后对应的充放电曲线

增大电池充放电过程中的电流密度会加速不均匀的锂沉积及锂枝晶的形成，因此提高锂离子本征迁移扩散效率十分重要。图 6-9(a)和(b)展示了 50 μm-Li|ECP 基 GPE|LFP 全电池的倍率性能和相应的充电/放电曲线。该全电池在 0.2 C、0.5 C、1 C、2 C、3 C 和 5 C 电流密度下的放电比容量分别约为 164.8 mA·h/g、157.9 mA·h/g、151.7 mA·h/g、140.5 mA·h/g、132.3 mA·h/g 和 119.8 mA·h/g。

此外，50 μm-Li‖LFP 全电池在大倍率下依然可以表现出稳定的长循环寿命，例如，在 2 C 电流密度下循环 300 圈后，其放电比容量约为 134.1 mA·

h/g,容量保持率约为 96.0%,如图 6-9(c)所示;在 5 C 电流密度下可稳定循环 1000 圈,且其放电比容量依然约有 109 mA·h/g,容量保持率约为 91.1%,如图 6-9(d)所示。此外,其全电池相应的平均库仑效率在 2 C、5 C 电流密度下分别可达到约 99.90% 和 99.92%。因此,Li‖LFP 全电池的优异倍率性能和大电流密度下稳定的循环性能归因于 ECP 基 GPE 中的高锂离子迁移系数和电极与电解质之间稳定界面的形成。

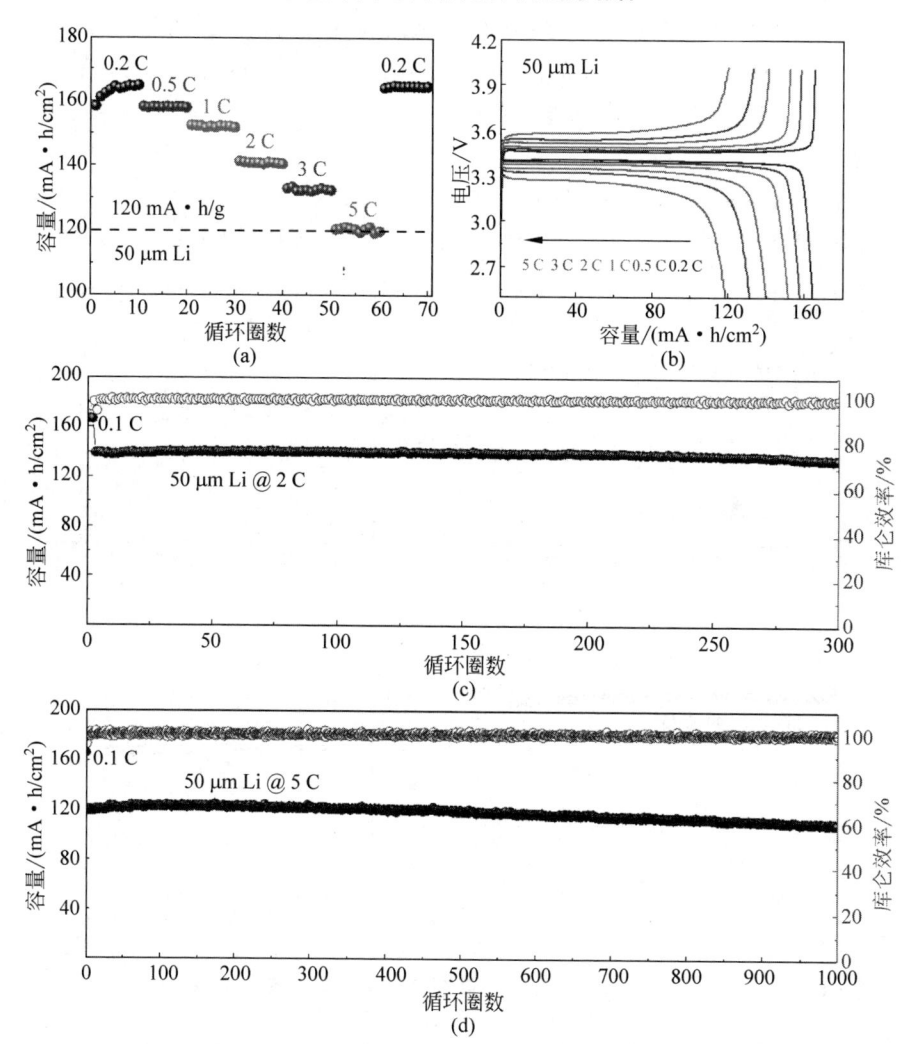

图 6-9 Li│ECP 基 GPE│LFP 全电池在不同电流密度下的倍率性能(a)和对应的充放电曲线(b);Li│ECP 基 GPE│LFP 全电池在 2 C(c)和 5 C(d)电流密度下的循环性能(见文前彩图)

厚的多孔电极(高负载正极材料)在固态锂金属电池中的应用依然存在较大挑战,提高多孔电极及与电解质界面处的锂离子扩散迁移效率可有效改善以上问题。本节将 ECP 基 GPE 及负载量高达约 10.65 mg/cm² 的 LFP 与约 50 μm 的 Li 箔进行全电池组装,研究了其全电池循环性能,如图 6-10(a)和(b)所示。在活化过程中,全电池在 0.05 C 下表现出约 152.2 mA·h/g 的高放电比容量,且首次库仑效率约为 91.3%。此外,约 50 μm 的 Li‖LFP 全电池在 0.5 C 电流密度下经过 120 个循环后仍保持约 98.3% 的放电比容量,且其平均库仑效率约为 99.58%,伴随着稳定且较小的极化电压(约 0.14 V)。此外,当进一步降低锂负极的载量时,即 4 mA·h(约 20 μm)锂负极,组装的约 20 μm 的 Li‖LFP 全电池同样表现出稳定的循环性能,在 0.2 C 电流密度下循环 120 圈后其放电比容量约为 136.4 mA·h/g,容量保持率约为 96.0%(见图 6-10(c)和(d))。因此,ECP 基 GPE 中高效的锂

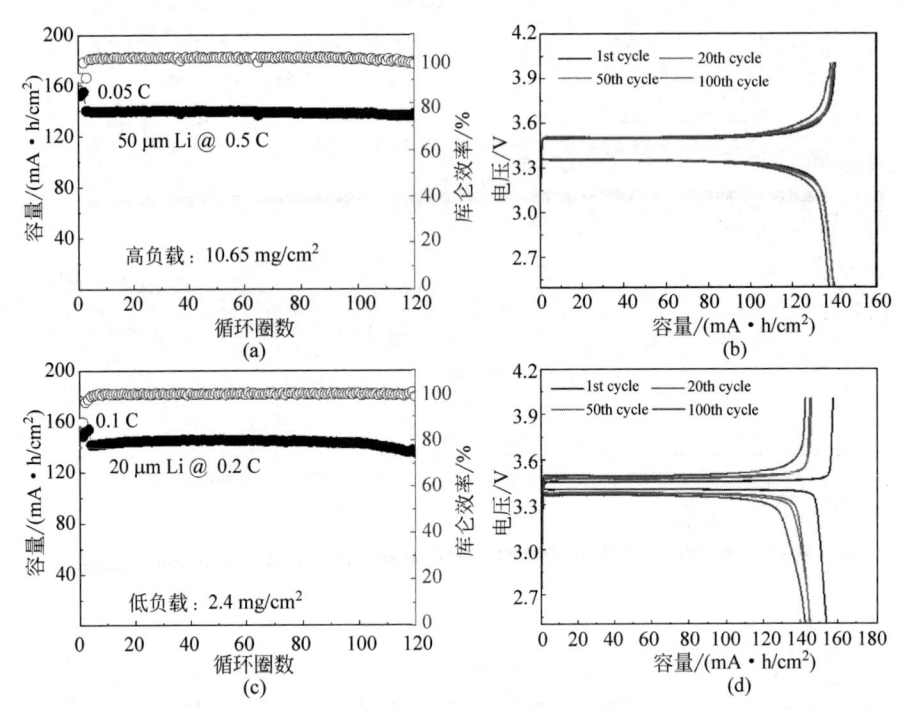

图 6-10 Li|ECP 基 GPE|LFP 全电池匹配高负载正极材料在 0.05 C 电流密度下的循环性(a)和对应不同循环圈数后的充放电曲线(b);Li|ECP 基 GPE|LFP 全电池匹配限量锂负极(4 mA·h/cm²)在 0.05 C 电流密度下的循环性能(c)及对应不同循环圈数后的充放电曲线(d)(见文前彩图)

离子迁移效率有望突破当前固态电池倍率性能较差的瓶颈,尤其有望解决在匹配厚、多孔电极时面临的挑战。

6.7 本章小结

本章基于阳离子原位开环聚合机制,制备了一种新型的具有高锂离子迁移数的 ECP 基 GPE,提高了电解质中锂离子的迁移扩散效率。从实验与理论计算两方面深入解析了 ECP 基 GPE 中锂离子电镀/剥离规律,并实现了限量锂及大倍率/高负载下优异的全电池性能。得出的主要结论如下。

(1) 通过 MD 模拟分析 ECP 基 GPE 中溶剂化结构特征,结合锂离子迁移数的测试,解析了 ECP 基 GPE 中锂离子快速迁移扩散的原因。

(2) FEA 电场模拟及对称电池等优异的电化学性能说明高离子迁移数有利于均匀锂离子沉积行为,并有助于突破固态电池中临界电流密度受限的瓶颈,实现了大电流密度下高度可逆的锂离子电镀/剥离过程。

(3) 将该 ECP 基 GPE 应用于 Li‖LFP 全电池,所组装的全电池表现出优异的倍率性能和大电流下超长的循环寿命;此外,成功匹配高负载正极材料或限量的锂金属负极,实现了连续高效的锂离子传导网络的构建,尤其是在多孔正极材料中。

(4) 锂离子迁移数在动力电池快充性能方面发挥着十分关键的作用,本研究有助于推进原位聚合物基锂金属电池在动力电池中应用的大规模产业化进程。

第 7 章 总结与展望

7.1 本书主要结论

本书立足于高安全性固态锂金属电池中电极与电解质界面兼容性的优化，基于原位固化/聚合策略，通过电解质结构与功能化设计对固态电池中界面上存在的化学、电化学、力学及热力学等方面的挑战和问题展开了系统的研究，主要结论如下。

(1) 基于腈类材料良好热力学稳定性、常温下为固态等优点，利用"刚柔并济"的策略，成功构建了三维连续导离子网络的超导性腈类复合电解质界面修饰层。EIS、FE-SEM、XPS 等测试手段表明，该界面修饰层可有效抑制金属锂负极与 LAGP 的副反应，实现界面良好的连续导离子网络结构。此外，LLZAO 纳米线在该界面起着十分关键的作用，主要包括增强了界面修饰层的力学性能，构建了三维锂离子网络传输框架，形成了低阻抗稳定界面这三方面，进而提高了全电池在室温/高温下的电化学性能。

(2) 针对固态电池在循环过程中电极体积膨胀/收缩引起界面失效，进而导致容量快速衰减的问题，利用原位紫外聚合策略，基于 EMITFSI 离子液体和 AN 的特性，在正负极侧分别构建了耐高压的 CSHE 与对锂亲和的 ASHE 自修复界面层。在 LAGP 电解质与电极界面处构建了具有自修复特性、高阻燃性、高锂离子电导率的 Janus 界面，促进了锂金属负极表面均匀的、高杨氏模量的 SEI 膜(富含 LiF)的形成，实现了界面上均匀的锂离子沉积行为，有效地缓解了循环过程中由于电极材料体积膨胀带来的安全隐患，提高了 LAGP 基固态锂金属电池的安全性。

(3) 解析了利用 LiDFOB 有机盐作为引发剂时 Poly-DOL 基 GPE 的聚合机制，并利用原位聚合反应有效地拓宽了醚类电解质的电化学窗口。此外结合硝化预处理过程构造人工 SEI 膜双管齐下的策略有效地调控了电极材料与电解质界面的兼容性及其锂离子电镀/剥离过程，实现了无枝晶均匀的锂离子沉积行为，改善了固态电池中由于锂枝晶生长引起的安全隐患问题。基于该电解质抗氧化能力的提高,成功地匹配了不同的商业化正极材料,深入解析了商业化高压正极材料在该体系下的电化学行为。

(4) 基于目前对于动力电池中快充性能的需求,利用原位开环共聚合策略设计了具有高离子迁移数的醚基共聚物(ECP 基 GPE)。电解质中较高的锂离子迁移扩散效率的实现,有利于促进电极与电解质界面均匀电场的形成,从而在大电流密度下得到均匀的锂离子通量。理论研究(包括 MD 和 FEA)结合锂离子电镀/剥离特性说明了高离子迁移系数对于实现均匀的锂离子沉积行为和抑制枝晶的生长均发挥着十分关键的作用。此外锂离子迁移扩散效率的提高在较大程度上改善了其在高倍率下的循环性能,并且实现了与高负载多孔电极或者限量锂负极的匹配,有利于推动该类原位聚合电池在动力电池中关于快充性能方面的应用。

本书为优化固态电解质与电极材料界面兼容性提供了新的思路,并有力地证实了固态电解质结构与功能化设计策略在高性能固态电池中界面优化上的重要应用前景。

7.2 本书主要创新点

本书基于固态电解质的结构与功能化设计,研究了固态电解质及其与电极材料的界面构筑方法和界面兼容性,获得了高性能高安全锂金属固态电池。选题具有重要的学术意义与应用价值。本书取得如下创新性成果。

(1) 构建了具有三维连续导离子网络结构的高离子电导率腈类复合电解质界面修饰层,使 $Li_{1.5}Al_{0.5}Ge_{1.5}(PO_4)_3$ (LAGP)基全固态电池的初始界面阻抗大幅降低,并有效抑制了 LAGP 电解质与金属锂负极的界面副反应;

(2) 在正负极侧分别构建了具有正极耐高压、负极亲锂特性的高稳定自修复 Janus 界面层,有效解决了 LAGP 基固态电池因电极材料体积膨胀/收缩引起的界面分离问题,LAGP 基全电池具有优异的高电压循环性能;

(3) 制备了耐高压醚基聚合物电解质和高锂离子迁移数醚基共聚物电解质,实现了与正负极材料的良好相容性,使高电压锂金属固态电池具有良好的循环稳定性。

7.3 展　　望

未来高安全性固态锂金属电池的发展,应基于高分子物理/化学的基本原理方法,从分子、原子结构层面利用电解质结构与功能化设计策略进行电极|电解质界面优化,以推动其在动力电池领域的应用前景。

(1) 改善当前固态电解质体系或开发较高的室温离子电导率新型固态电解质体系,以满足动力电池的需求;

(2) 深入解析固/固界面上的电化学机理研究,深入解析固-固界面上的电化学机理研究,构建原位固态电池模型,进行界面上原位的分析表征;

(3) 优化固态电解质结构,尽量减少液态电解质的含量,逐步向全固态电池发展,最终实现高安全性的全固态电池;

(4) 在进行电极与电解质界面优化时,尽可能提高其环境服役能力,如提高空气稳定性、降低对水分敏感性,从而降低成本。

参 考 文 献

[1] Cheng X B, Zhao C Z, Yao Y X, et al. Recent advances in energy chemistry between solid-state electrolyte and safe lithium-metal anodes[J]. Chem, 2019, 5(1): 74-96.

[2] Zhao Q, Stalin S, Zhao C-Z, et al. Designing solid-state electrolytes for safe, energy-dense batteries[J]. Nat Rev Mater, 2020, 5(3): 229-252.

[3] Xiao Y, Wang Y, Bo S H, et al. Understanding interface stability in solid-state batteries[J]. Nat Rev Mater, 2019, 5(2): 105-126.

[4] Wang C, Fu K, Kammampata S P, et al. Garnet-type solid-state electrolytes: materials, interfaces, and batteries[J]. Chem Rev, 2020, 120(10): 4257-4300.

[5] Chen R, Li Q, Yu X, et al. Approaching practically accessible solid-state batteries: stability issues related to solid electrolytes and interfaces[J]. Chem Rev, 2020, 120(14): 6820-6877.

[6] Miao X, Wang H, Sun R, et al. Interface engineering of inorganic solid-state electrolytes for high-performance lithium metal batteries[J]. Energ Environ Sci, 2020, 13(11): 3780-3822.

[7] Xia S, Wu X, Zhang Z, et al. Practical challenges and future perspectives of all-solid-state lithium-metal batteries[J]. Chem, 2019, 5(4): 753-785.

[8] Faraday M. Iv. Experimental researches in electricity-third[J]. Philos Trans R Soc London, 1833, 123: 23-54.

[9] Sator A. Pile reversible dont electrolyte est un cristal depose en lame mince par evaporatio[J]. C R Hebd Seances Acad Sci, 1952, 234: 2283-2285.

[10] Lehovec K, Broder J. Semiconductors as solid electrolytes in electrochemical systems[J]. J Electrochem Soc, 1954(101): 208-209.

[11] Knutz B, Skaarup S. Cycling of Li/Li$_3$N/TiS$_2$ solid-state cells[J]. Solid State Ionics, 1983, 9(10): 371-374.

[12] Fenton D E, Parker J M, Wright P V. Complexes of alkali metal ions with poly (ethylene oxide)[J]. Polymer, 1973(14): 589.

[13] Goodenough J B, Hong H Y P, Kafalas J A. Fast Na$^+$-ion transport in skeleton structures[J]. Mater Res Bull, 1976(11): 203-220.

[14] Inaguma Y, Chen L Q, Itoh M, et al. High ionic-conductivity in lithium lanthanum titanate[J]. Solid State Commun, 1993(86): 689-693.

[15] Murugan R, Thangadurai V, Weppner W. Fast lithium ion conduction in garnet-type $Li_{(7)}La_{(3)}Zr_{(2)}O_{(12)}$[J]. Angew Chem Int Ed, 2007, 46(41): 7778-7781.

[16] Kamaya N, Homma K, Yamakawa Y, et al. A lithium superionic conductor[J]. Nat Mater, 2011, 10(9): 682-686.

[17] Ma J, Chen B, Wang L, et al. Progress and prospect on failure mechanisms of solid-state lithium batteries[J]. J Power Sources, 2018(392): 94-115.

[18] Muramatsu H, Hayashi A, Ohtomo T, et al. Structural change of Li_2S-P_2S_5 sulfide solid electrolytes in the atmosphere[J]. Solid State Ionics, 2011, 182(1): 116-119.

[19] Sahu G, Lin Z, Li J, et al. Air-stable, high-conduction solid electrolytes of arsenic-substituted Li_4SnS_4[J]. Energy Environ Sci, 2014, 7(3): 1053-1058.

[20] Cheng L, Crumlin E J, Chen W, et al. The origin of high electrolyte-electrode interfacial resistances in lithium cells containing garnet type solid electrolytes[J]. Phys Chem Chem Phys, 2014, 16(34): 18294-18300.

[21] Durán T, Climent-Pascual E, Pérez-Prior M T, et al. Aqueous and non-aqueous Li^+/H^+ ion exchange in $Li_{0.44}La_{0.52}TiO_3$ perovskite[J]. Adv Powder Technol, 2017, 28(2): 514-520.

[22] Galven C, Dittmer J, Suard E, et al. Instability of lithium garnets against moisture. structural characterization and dynamics of $Li_{7-x}H_xLa_3Sn_2O_{12}$ and $Li_{5-x}H_xLa_3Nb_2O_{12}$[J]. Chem Mater, 2012, 24(17): 3335-3345.

[23] Harding J R, Amanchukwu C V, Hammond P T, et al. Instability of poly (ethylene oxide) upon oxidation in lithium-air batteries[J]. J Phys Chem C, 2015, 119(13): 6947-6955.

[24] Kang S G, Sholl D S. First-principles study of chemical stability of the lithium oxide garnets $Li_7La_3M_2O_{12}$ (M = Zr, Sn, or Hf)[J]. J Phys Chem C, 2014, 118(31): 17402-17406.

[25] Xia W, Xu B, Duan H, et al. Reaction mechanisms of lithium garnet pellets in ambient air: The effect of humidity and CO_2[J]. J Am Ceram Soc, 2017, 100(7): 2832-2839.

[26] Boulant A, Bardeau J F, Jouanneaux A, et al. Reaction mechanisms of $Li_{0.30}La_{0.57}TiO_3$ powder with ambient air: H^+/Li^+ exchange with water and Li_2CO_3 formation[J]. Dalton Trans, 2010, 39(16): 3968-3975.

[27] Thokchom J S, Kumar B. Water durable lithium ion conducting composite membranes[J]. J Electrochem Soc, 2007, 154(4): A331-A336.

[28] Wenzel S, Leichtweiss T, Krüger D, et al. Interphase formation on lithium solid electrolytes-An in situ approach to study interfacial reactions by photoelectron spectroscopy[J]. Solid State Ionics, 2015(278): 98-105.

[29] Ohta S, Kobayashi T, Seki J, et al. Electrochemical performance of an all-solid-

state lithium ion battery with garnet-type oxide electrolyte[J]. J Power Sources, 2012(202): 332-335.

[30] Kishida K, Wada N, Adachi H, et al. Microstructure of the LiCoO$_2$ (cathode)/La$_{2/3-x}$Li$_{3-x}$TiO$_3$ (electrolyte) interface and its influences on the electrochemical properties[J]. Acta Mater, 2007(55): 4713-4722.

[31] Zhu Y, He X, Mo Y. Origin of outstanding stability in the lithium solid electrolyte materials: insights from thermodynamic analyses based on first-principles calculations [J]. ACS Appl Mater Interfaces, 2015, 7(42): 23685-23693.

[32] Han F, Gao T, Zhu Y, et al. A battery made from a single material[J]. Adv Mater, 2015, 27(23): 3473-3483.

[33] Chen C H, Amine K. Ionic conductivity, lithium insertion and extraction of lanthanum lithium titana[J]. Solid State Ionics 2001(144): 51-57.

[34] Schwöbel A, Hausbrand R, Jaegermann W. Interface reactions between LiPON and lithium studied by in-situ X-ray photoemission[J]. Solid State Ionics, 2015 (273): 51-54.

[35] Nazri G. Preparation, structure and ionic conductivity of lithium phosphide[J]. Solid State Ionics, 1989, 34(3): 97-102.

[36] Alpen U V, Rabenau A, Talat G H. Ionic conductivity in Li$_3$N single crystals[J]. Appl Phys Lett, 1977, 30(12): 321-623.

[37] Kim K H, Iriyama Y, Yamamoto K, et al. Characterization of the interface between LiCoO$_2$ and Li$_7$La$_3$Zr$_2$O$_{12}$ in an all-solid-state rechargeable lithium battery[J]. J Power Sources, 2011, 196(2): 764-767.

[38] Gellert M, Dashjav E, Grüner D, et al. Compatibility study of oxide and olivine cathode materials with lithium aluminum titanium phosphate[J]. Ionics, 2017, 24(4): 1001-1006.

[39] Haruyama J, Sodeyama K, Han L, et al. Space-charge layer effect at interface between oxide cathode and sulfide electrolyte in all-solid-state lithium-ion battery [J]. Chem Mater, 2014, 26(14): 4248-4255.

[40] Yamamoto K, Iriyama Y, Asaka T, et al. Dynamic visualization of the electric potential in an all-solid-state rechargeable lithium battery[J]. Angew Chem Int Ed, 2010, 49(26): 4414-4417.

[41] Richards W D, Miara L J, Wang Y, et al. Interface stability in solid-state batteries [J]. Chem Mater, 2015, 28(1): 266-273.

[42] Park K, Yu B-C, Jung J-W, et al. Electrochemical nature of the cathode interface for a solid-state lithium-ion battery: interface between LiCoO$_2$ and garnet-Li$_7$La$_3$Zr$_2$O$_{12}$[J]. Chem Mater, 2016, 28(21): 8051-8059.

[43] Miara L, Windmuller A, Tsai C L, et al. About the compatibility between high voltage spinel cathode materials and solid oxide electrolytes as a function of

temperature[J]. ACS Appl Mater Interfaces, 2016, 8(40): 26842-26850.

[44] Robinson J P, Kichambare P D, Deiner J L, et al. High temperature electrode-electrolyte interface formation between $LiMn_{1.5}Ni_{0.5}O_4$ and $Li_{1.4}Al_{0.4}Ge_{1.6}(PO_4)_3$[J]. J Am Ceram Soc, 2018, 101(3): 1087-1094.

[45] Sakuda A, Hayashi A, Tatsumisago M. Interfacial observation between $LiCoO_2$ electrode and $Li_2S-P_2S_5$ solid electrolytes of all-solid-state lithium secondary batteries using transmission electron microscopy[J]. Chem Mater, 2010, 22(3): 949-956.

[46] Wang L, Chen B, Ma J, et al. Reviving lithium cobalt oxide-based lithium secondary batteries-toward a higher energy density[J]. Chem Soc Rev, 2018, 47(17): 6505-6602.

[47] Han F, Zhu Y, He X, et al. Electrochemical stability of $Li_{10}GeP_2S_{12}$ and $Li_7La_3Zr_2O_{12}$ solid electrolytes[J]. Adv Energy Mater, 2016, 6(8): 1501590-1501598.

[48] Appetecchi G B, Croce F, Dautzenberg G, et al. Composite polymer electrolytes with improved lithium metal electrode interfacial properties[J]. J Electrochem Soc, 1998, 145(12): 4126-4133.

[49] Nazi G A, Conell R A, Julienb C. Preparation and physical properties of lithium phosphide-lithium[J]. Solid State Ionics, 1996, 86(88): 99-105.

[50] Hua C, Fang X, Wang Z, et al. Lithium storage in perovskite lithium lanthanum titanate[J]. Electrochem Commun, 2013, 32: 5-8.

[51] Kim H S, Oh Y, Kang K H, et al. Characterization of sputter-deposited $LiCoO_2$ thin film grown on NASICON-type electrolyte for application in all-solid-state rechargeable lithium battery[J]. ACS Appl Mater Interfaces, 2017, 9(19): 16063-16070.

[52] Hansel C, Afyon S, Rupp J L. Investigating the all-solid-state batteries based on lithium garnets and a high potential cathode-$LiMn_{1.5}Ni_{0.5}O_4$[J]. Nanoscale, 2016, 8(43): 18412-18420.

[53] Shiro Seki, Yo Kobayashi, Miyashiro H, et al. Improvement in high-voltage performance of all-solid-state lithium polymer secondary batteries by mixing inorganic electrolyte with cathode materials[J]. J Electrochem Soc, 2006, 153(6): A1073-A1076.

[54] Ma J, Liu Z, Chen B, et al. A strategy to make high voltage $LiCoO_2$ compatible with polyethylene oxide electrolyte in all-solid-state lithium ion batteries[J]. J Electrochem Soc, 2017, 164(14): A3454-A3461.

[55] Zheng J, Zheng H, Wang R, et al. 3D visualization of inhomogeneous multi-layered structure and Young's modulus of the solid electrolyte interphase (SEI) on silicon anodes for lithium ion batteries[J]. Phys Chem Chem Phys, 2014, 16(26): 13229-13238.

[56] Wood K N, Steirer K X, Hafner S E, et al. Operando X-ray photoelectron spectroscopy of solid electrolyte interphase formation and evolution in Li_2S-P_2S_5 solid-state electrolytes[J]. Nat Commun,2018,9(1): 2490-2499.

[57] Zhao Y,Zheng K,Sun X. Addressing interfacial issues in liquid-based and solid-state batteries by atomic and molecular layer deposition[J]. Joule,2018,2(12): 2583-2604.

[58] Zhu Y, He X, Mo Y. First principles study on electrochemical and chemical stability of solid electrolyte-electrode interfaces in all-solid-state Li-ion batteries [J]. J Mater Chem A,2016,4(9): 3253-3266.

[59] Li N W,Yin Y X,Yang C P,et al. An artificial solid electrolyte interphase layer for stable lithium metal anodes[J]. Adv Mater,2016,28(9): 1853-1858.

[60] Gao Y, Wang D, Li Y C, et al. Salt-based organic-inorganic nanocomposites: towards a stable lithium metal/$Li_{10}GeP_2S_{12}$ solid electrolyte interface[J]. Angew Chem Int Ed,2018,57(41): 13608-13612.

[61] Hao X, Zhao Q, Su S, et al. Constructing multifunctional interphase between $Li_{1.4}Al_{0.4}Ti_{1.6}(PO_4)_3$ and Li metal by magnetron sputtering for highly stable solid-state lithium metal batteries[J]. Adv Energy Mater,2019,9(34): 1901604-1901611.

[62] Zhu Y,He X,Mo Y. Strategies based on nitride materials chemistry to stabilize Li metal anode[J]. Adv Sci (Weinh),2017,4(8): 1600517-1600527.

[63] Brissot C, Rosso M, Chazalviel J-N, et al. Dendritic growth mechanisms in lithiumrpolymer cells[J]. J Power Sources,1999(81): 925-929.

[64] Tsai C L,Roddatis V,Chandran C V,et al. $Li_7La_3Zr_2O_{12}$ interface modification for Li dendrite prevention [J]. ACS Appl Mater Interfaces, 2016, 8 (16): 10617-10626.

[65] Jackman S D,Cutler R A. Effect of microcracking on ionic conductivity in LATP [J]. J Power Sources,2012(218): 65-72.

[66] Porz L, Swamy T, Sheldon B W, et al. Mechanism of lithium metal penetration through inorganic solid electrolytes[J]. Adv Energy Mater,2017(7): 1701003-1701014.

[67] Suzuki Y, Kami K, Watanabe K, et al. Transparent cubic garnet-type solid electrolyte of Al_2O_3-doped $Li_7La_3Zr_2O_{12}$[J]. Solid State Ionics,2015(278): 172-176.

[68] Tian H-K, Xu B, Qi Y. Computational study of lithium nucleation tendency in $Li_7La_3Zr_2O_{12}$ (LLZO) and rational design of interlayer materials to prevent lithium dendrites[J]. J Power Sources,2018(392): 79-86.

[69] Xu S,Mcowen D W,Wang C,et al. Three-dimensional,solid-state mixed electron-ion conductive framework for lithium metal anode[J]. Nano Lett,2018,18(6): 3926-3933.

[70] Pervez S A,Ganjeh-Anzabi P,Farooq U,et al. Fabrication of a dendrite-free all

solid-state Li metal battery via polymer composite/garnet/polymer composite layered electrolyte[J]. Adv Mater Interfaces,2019(6): 1900186-1900195.

[71] Koerver R, Zhang W, De Biasi L, et al. Chemo-mechanical expansion of lithium electrode materials-on the route to mechanically optimized all-solid-state batteries [J]. Energ Environ Sci,2018,11(8): 2142-2158.

[72] Shi J, Xia Y, Han S, et al. Lithium ion conductive $Li_{1.5}Al_{0.5}Ge_{1.5}(PO_4)_3$ based inorganic-organic composite separator with enhanced thermal stability and excellent electrochemical performances in 5 V lithium ion batteries[J]. J Power Sources, 2015(273): 389-395.

[73] Kumar J, Kichambare P, Rai A K, et al. A high performance ceramic-polymer separator for lithium batteries[J]. J Power Sources,2016(301): 194-198.

[74] Fu K, Gong Y, Hitz G T, et al. Three-dimensional bilayer garnet solid electrolyte based high energy density lithium metal-sulfur batteries[J]. Energ Environ Sci, 2017,10(7): 1568-1575.

[75] Kim D H, Oh D Y, Park K H, et al. Infiltration of solution-processable solid electrolytes into conventional Li-ion-battery electrodes for all-solid-state Li-ion batteries[J]. Nano Lett,2017,17(5): 3013-3020.

[76] Feng X, Ouyang M, Liu X, et al. Thermal runaway mechanism of lithium ion battery for electric vehicles: A review[J]. Energy Storage Mater,2018(10): 246-267.

[77] Liu K, Liu Y, Lin D, et al. Materials for lithium-ion battery safety[J]. Sci Adv, 2018(4): eaas9820-eaas9831.

[78] Xia Y, Fujieda T, Tatsumi K, et al. Thermal and electrochemical stability of cathode materials in solid polymer electrolyte[J]. J Power Sources, 2001(92): 234-243.

[79] Chung H, Kang B. Mechanical and thermal failure induced by contact between a $Li_{1.5}Al_{0.5}Ge_{1.5}(PO_4)_3$ solid electrolyte and Li metal in an all solid-state Li Cell [J]. Chem Mater,2017(29): 8611-8619.

[80] Dai J, Yang C, Wang C, et al. Interface engineering for garnet-based solid-state lithium-metal batteries: materials, structures, and characterization[J]. Adv Mater, 2018,30(48): e1802068-e1802082.

[81] Zhang X, Wang S, Xue C, et al. Self-suppression of lithium dendrite in all-solid-state lithium metal batteries with poly(vinylidene difluoride)-based solid electrolytes[J]. Adv Mater,2019,31(11): e1806082.

[82] Zhang W, Nie J, Li F, et al. A durable and safe solid-state lithium battery with a hybrid electrolyte membrane[J]. Nano Energy,2018(45): 413-419.

[83] Zhang J-J, Yang J-F, Wu H, et al. Research progress of in situ generated polymer electrolyte for rechargeable batteries[J]. Acta Polym Sin,2019,50(9): 890-914.

[84] Chai J, Liu Z, Ma J, et al. In situ generation of poly (vinylene carbonate) based solid electrolyte with interfacial stability for LiCoO$_2$ lithium batteries[J]. Adv Sci, 2017, 4(2): 1600377-1600385.

[85] Chai J, Liu Z, Zhang J, et al. A superior polymer electrolyte with rigid cyclic carbonate backbone for rechargeable lithium ion batteries[J]. ACS Appl Mater Interfaces, 2017, 9(21): 17897-17905.

[86] Qin B, Liu Z, Zheng J, et al. Single-ion dominantly conducting polyborates towards high performance electrolytes in lithium batteries[J]. J Mater Chem A, 2015, 3(15): 7773-7779.

[87] Zhao Q, Liu X, Stalin S, et al. Solid-state polymer electrolytes with in-built fast interfacial transport for secondary lithium batteries[J]. Nat Energy, 2019, 4(5): 365-373.

[88] Liu F-Q, Wang W-P, Yin Y-X, et al. Upgrading traditional liquid electrolyte via in situ gelation for future lithium metal batteries[J]. Sci Adv, 2018(4): eaat5383-eaat5392.

[89] Cui Y, Chai J, Du H, et al. Facile and reliable in situ polymerization of poly(ethyl cyanoacrylate)-based polymer electrolytes toward flexible lithium batteries[J]. ACS Appl Mater Interfaces, 2017, 9(10): 8737-8741.

[90] Lei X, Liu X, Ma W, et al. Flexible lithium-air battery in ambient air with an in situ formed gel electrolyte[J]. Angew Chem Int Ed, 2018, 57(49): 16131-16135.

[91] Kong L, Zhan H, Li Y, et al. Investigation on the determining factor in the performance of in situ fabricated lithium polymer secondary battery[J]. Electrochim Acta, 2008, 53(16): 5373-5378.

[92] Liu Q, Geng Z, Han C, et al. Challenges and perspectives of garnet solid electrolytes for all solid-state lithium batteries[J]. J Power Sources, 2018(389): 120-134.

[93] Fu K K, Gong Y, Xu S, et al. Stabilizing the garnet solid-electrolyte/polysulfide interface in Li-S batteries[J]. Chem Mater, 2017, 29(19): 8037-8041.

[94] Wang Q, Wen Z, Jin J, et al. A gel-ceramic multi-layer electrolyte for long-life lithium sulfur batteries[J]. Chem Commun (Camb), 2016, 52(8): 1637-1640.

[95] Liu B, Gong Y, Fu K, et al. Garnet solid electrolyte protected Li-metal batteries [J]. ACS Appl Mater Interfaces, 2017, 9(22): 18809-18815.

[96] Sharafi A, Meyer H M, Nanda J, et al. Characterizing the Li-Li$_7$La$_3$Zr$_2$O$_{12}$ interface stability and kinetics as a function of temperature and current density [J]. J Power Sources, 2016(302): 135-139.

[97] Sudo R, Nakata Y, Ishiguro K, et al. Interface behavior between garnet-type lithium-conducting solid electrolyte and lithium metal[J]. Solid State Ionics, 2014 (262): 151-154.

[98] Hao S, Zhang H, Yao W, et al. Solid-state lithium battery chemistries achieving

high cycle performance at room temperature by a new garnet-based composite electrolyte[J]. J Power Sources,2018(393): 128-134.

[99] Wang S,Wang J,Liu J,et al. Ultra-fine surface solid-state electrolytes for long cycle life all-solid-state lithium-air batteries[J]. J Mater Chem A,2018,6(43): 21248-21254.

[100] Luo W,Gong Y,Zhu Y,et al. Reducing interfacial resistance between garnet-structured solid-state electrolyte and Li-metal anode by a germanium layer[J]. Adv Mater,2017,29(22): 1606042-1606048.

[101] Fu K K,Gong Y,Fu Z,et al. Transient behavior of the metal interface in lithium metal-garnet batteries[J]. Angew Chem Int Ed,2017,56(47): 14942-14947.

[102] Han X,Gong Y,Fu K K,et al. Negating interfacial impedance in garnet-based solid-state Li metal batteries[J]. Nat Mater,2017,16(5): 572-579.

[103] Fu J,Yu P,Zhang N,et al. In situ formation of a bifunctional interlayer enabled by a conversion reaction to initiatively prevent lithium dendrites in a garnet solid electrolyte[J]. Energ Environ Sci,2019,12(4): 1404-1412.

[104] Li Y,Chen X,Dolocan A,et al. Garnet electrolyte with an ultralow interfacial resistance for Li-metal batteries[J]. J Am Chem Soc,2018,140(20): 6448-6455.

[105] Shao Y,Wang H,Gong Z,et al. Drawing a soft interface: an effective interfacial modification strategy for garnet-type solid-state Li batteries[J]. ACS Energy Lett,2018,3(6): 1212-1218.

[106] Zekoll S,Marriner-Edwards C,Hekselman A K O,et al. Hybrid electrolytes with 3D bicontinuous ordered ceramic and polymer microchannels for all-solid-state batteries[J]. Energ Environ Sci,2018,11(1): 185-201.

[107] Hartmann P,Leichtweiss T,Busche M R,et al. Degradation of NASICON-type materials in contact with lithium metal: formation of mixed conducting interphases (MCI) on solid electrolytes[J]. J Phys Chem C,2013,117(41): 21064-21074.

[108] Liu Y,Li C,Li B,et al. Germanium thin film protected lithium aluminum germanium phosphate for solid-state Li batteries[J]. Adv Energy Mater,2018, 8(16): 1702374-1702380.

[109] Yu Q,Han D,Lu Q,et al. Constructing effective interfaces for $Li_{1.5}Al_{0.5}Ge_{1.5}(PO_4)_3$ pellets to achieve room-temperature hybrid solid-state lithium metal batteries [J]. ACS Appl Mater Interfaces,2019,11(10): 9911-9918.

[110] Wan Z,Lei D,Yang W,et al. Low resistance-integrated all-solid-state battery achieved by $Li_7La_3Zr_2O_{12}$ nanowire upgrading polyethylene oxide (PEO) composite electrolyte and PEO cathode binder[J]. Adv Funct Mater,2019, 29(1): 1805301-1805310.

[111] Xu X,Wen Z,Wu X,et al. Lithium ion-conducting glass-ceramics of

$Li_{1.5}Al_{0.5}Ge_{1.5}(PO_4)_3$-$xLi_2O$ ($x = 0.0 - 0.20$) with good electrical and electrochemical properties[J]. J Am Ceram Soc,2007,90(9): 2802-2806.

[112] Huang X,Lu Y,Song Z,et al. Manipulating Li_2O atmosphere for sintering dense $Li_7La_3Zr_2O_{12}$ solid electrolyte[J]. Energy Storage Mater,2019,22: 207-217.

[113] Alarco P J,Abu-Lebdeh Y,Abouimrane A,et al. The plastic-crystalline phase of succinonitrile as a universal matrix for solid-state ionic conductors[J]. Nat Mater,2004,3(7): 476-481.

[114] Ganguly S,Ramachandraswamy H,Rao C N R. A Raman spectroscopic study of the plastically crystalline state of organic compounds[J]. J Mol Liq,1983,25 (2): 139-147.

[115] Kim Y S,Lee S H,Son M Y,et al. Succinonitrile as a corrosion inhibitor of copper current collectors for overdischarge protection of lithium ion batteries [J]. ACS Appl Mater Interfaces,2014,6(3): 2039-2043.

[116] Patel M,Chandrappa K G,Bhattacharyya A J. Increasing ionic conductivity and mechanical strength of a plastic electrolyte by inclusion of a polymer[J]. Electrochim Acta,2008,54(2): 209-215.

[117] Zhou D,He Y-B,Liu R,et al. In situ synthesis of a hierarchical all-solid-state electrolyte based on nitrile materials for high-performance lithium-ion batteries [J]. Adv Energy Mater,2015,5(15): 1500353-1500363.

[118] Zhang X,Liu T,Zhang S,et al. Synergistic coupling between $Li_{6.75}La_3Zr_{1.75}Ta_{0.25}O_{12}$ and poly(vinylidene fluoride) induces high ionic conductivity, mechanical strength,and thermal stability of solid composite electrolytes[J]. J Am Chem Soc,2017,139(39): 13779-13785.

[119] Zhang Z,Zhao Y,Chen S,et al. An advanced construction strategy of all-solid-state lithium batteries with excellent interfacial compatibility and ultralong cycle life[J]. J Mater Chem A,2017,5(32): 16984-16993.

[120] Liang Z,Zheng G,Liu C,et al. Polymer nanofiber-guided uniform lithium deposition for battery electrodes[J]. Nano Lett,2015,15(5): 2910-2916.

[121] Wan J,Xie J,Kong X,et al. Ultrathin, flexible, solid polymer composite electrolyte enabled with aligned nanoporous host for lithium batteries[J]. Nat Nanotechnol,2019,14(7): 705-711.

[122] Huo H,Chen Y,Li R,et al. Design of a mixed conductive garnet/Li interface for dendrite-free solid lithium metal batteries[J]. Energy Environ Sci,2020,13(1): 127-134.

[123] Zhou D,Shanmukaraj D,Tkacheva A,et al. Polymer electrolytes for lithium-based batteries: advances and prospects[J]. Chem,2019,5(9): 2326-2352.

[124] Cao X,Ren X,Zou L,et al. Monolithic solid-electrolyte interphases formed in fluorinated orthoformate-based electrolytes minimize Li depletion and pulverization

[J]. Nat Energy,2019,4(9):796-805.

[125] Zhang Z,Shao Y,Lotsch B,et al. New horizons for inorganic solid state ion conductors[J]. Energ Environ Sci,2018,11(8):1945-1976.

[126] Zhou D,Tkacheva A,Tang X,et al. Stable conversion chemistry-based lithium metal batteries enabled by hierarchical multifunctional polymer electrolytes with near-single ion conduction[J]. Angew Chem Int Ed,2019,58(18):6001-6006.

[127] Han F,Westover A S,Yue J,et al. High electronic conductivity as the origin of lithium dendrite formation within solid electrolytes[J]. Nat Energy,2019,4(3):187-196.

[128] Hou G,Ma X,Sun Q,et al. Lithium dendrite suppression and enhanced interfacial compatibility enabled by an ex situ SEI on Li anode for lagp-based all-solid-state batteries[J]. ACS Appl Mater Interfaces,2018,10(22):18610-18618.

[129] Liu Y,Chen J,Gao J. Preparation and chemical compatibility of lithium aluminum germanium phosphate solid electrolyte[J]. Solid State Ionics,2018(318):27-34.

[130] He L,Sun Q,Chen C,et al. Failure mechanism and interface engineering for NASICON-structured all-solid-state lithium metal batteries[J]. ACS Appl Mater Interfaces,2019,11(23):20895-20904.

[131] Liu Q,Yu Q,Li S,et al. Safe LAGP-based all solid-state Li metal batteries with plastic super-conductive interlayer enabled by in-situ solidification[J]. Energy Storage Mater,2020(25):613-620.

[132] Duan H,Fan M,Chen W P,et al. Extended electrochemical window of solid electrolytes via heterogeneous multilayered structure for high-voltage lithium metal batteries[J]. Adv Mater,2019,31(12):e1807789-e1807795.

[133] Zhou B,He D,Hu J,et al. A flexible,self-healing and highly stretchable polymer electrolyte via quadruple hydrogen bonding for lithium-ion batteries[J]. J Mater Chem A,2018,6(25):11725-11733.

[134] Liang J Y,Zeng X X,Zhang X D,et al. Mitigating interfacial potential drop of cathode-solid electrolyte via ionic conductor layer to enhance interface dynamics for solid batteries[J]. J Am Chem Soc,2018,140(22):6767-6770.

[135] Yang Y,Urban M W. Self-healing of polymers via supramolecular chemistry[J]. Adv Mater Interfaces,2018,5(17):1800384-1800402.

[136] Wang C,Wu H,Chen Z,et al. Self-healing chemistry enables the stable operation of silicon microparticle anodes for high-energy lithium-ion batteries[J]. Nat Chem,2013,5(12):1042-1048.

[137] Jing B B,Evans C M. Catalyst-free dynamic networks for recyclable,self-healing solid polymer electrolytes[J]. J Am Chem Soc,2019,141(48):18932-18937.

[138] Xia S,Lopez J,Liang C,et al. High-rate and large-capacity lithium metal anode enabled by volume conformal and self-healable composite polymer electrolyte

[J]. Adv Sci,2019,6(9): 1802353-1802361.

[139] Wu N,Shi Y R,Lang S Y,et al. Self-healable solid polymeric electrolytes for stable and flexible lithium metal batteries[J]. Angew Chem Int Ed,2019,58(50): 18146-18149.

[140] Lopez J,Mackanic D G,Cui Y,et al. Designing polymers for advanced battery chemistries[J]. Nat Rev Mater,2019,4(5): 312-330.

[141] Zhou J,Han P,Liu M,et al. Self-healable organogel nanocomposite with angle-independent structural colors[J]. Angew Chem Int Ed,2017,56(35): 10462-10466.

[142] Dixit M B,Zaman W,Hortance N,et al. Nanoscale mapping of extrinsic interfaces in hybrid solid electrolytes[J]. Joule,2020,4(1): 207-221.

[143] Tang X,Zhou D,Li P,et al. High-performance quasi-solid-state mxene-based li-i batteries[J]. ACS Cent Sci,2019,5(2): 365-373.

[144] Lu Z Y,Li W T,Long Y,et al. Constructing a high-strength solid electrolyte layer by in vivo alloying with aluminum for an ultrahigh-rate lithium metal anode[J]. Adv Funct Mater,2019,30(7): 1907343-1907352.

[145] Fan X,Ji X,Han F,et al. Fluorinated solid electrolyte interphase enables highly reversible solid-state Li metal battery[J]. Sci Adv,2018(4): eaau9245-9255.

[146] Huang Q,Turcheniuk K,Ren X,et al. Cycle stability of conversion-type iron fluoride lithium battery cathode at elevated temperatures in polymer electrolyte composites[J]. Nat Mater,2019,18(12): 1343-1349.

[147] Armand M,Tarascon J-M. Building better batteries[J]. Nature,2008(451): 652-657.

[148] Xu K. Nonaqueous liquid electrolytes for Li-Based rechargeable batteries-chemical review[J]. Chem Rev,2004(104): 4303-4417.

[149] Zhang X Q,Chen X,Cheng X B,et al. Highly stable lithium metal batteries enabled by regulating the solvation of lithium ions in nonaqueous electrolytes [J]. Angew Chem Int Ed 2018,57(19): 5301-5305.

[150] Hwang J-Y,Park S-J,Yoon C S,et al. Customizing a Li-metal battery that survives practical operating conditions for electric vehicle applications[J]. Energy Environ Sci,2019,12(7): 2174-2184.

[151] Zhang H,Eshetu G G,Judez X,et al. Electrolyte additives for lithium metal anodes and rechargeable lithium metal batteries: progress and perspectives[J]. Angew Chem Int Ed 2018,57(46): 15002-15027.

[152] Chen N,Dai Y,Xing Y,et al. Biomimetic ant-nest ionogel electrolyte boosts the performance of dendrite-free lithium batteries[J]. Eenrgy Environ Sci,2017,10(7): 1660-1667.

[153] Ma L,Kim M S,Archer L A. Stable artificial solid electrolyte interphases for lithium batteries[J]. Chem Mater,2017,29(10): 4181-4189.

[154] Lin D, Zhuo D, Liu Y, et al. All-integrated bifunctional separator for Li dendrite detection via novel solution synthesis of a thermostable polyimide separator[J]. J Am Chem Soc, 2016, 138(34): 11044-11050.

[155] Yang C-P, Yin Y-X, Zhang S-F, et al. Accommodating lithium into 3D current collectors with a submicron skeleton towards long-life lithium metal anodes[J]. Nat Commun, 2015(6): 8058-8066.

[156] Yun Q, He Y B, Lv W, et al. Chemical dealloying derived 3D porous current collector for Li metal anodes[J]. Adv Mater, 2016, 28(32): 6932-6939.

[157] Cheng X B, Zhang R, Zhao C Z, et al. Toward safe lithium metal anode in rechargeable batteries: A Review[J]. Chem Rev, 2017, 117(15): 10403-10473.

[158] Zhao C Z, Zhao B C, Yan C, et al. Liquid phase therapy to solid electrolyte-electrode interface in solid-state Li metal batteries: A review[J]. Energy Storage Mater, 2020(24): 75-84.

[159] Zhou D, He Y B, Cai Q, et al. Investigation of cyano resin-based gel polymer electrolyte: in situ gelation mechanism and electrode-electrolyte interfacial fabrication in lithium-ion battery[J]. J Mater Chem A, 2014, 2(47): 20059-20066.

[160] Zhou D, Liu R, He Y B, et al. SiO_2 hollow nanosphere-based composite solid electrolyte for lithium metal batteries to suppress lithium dendrite growth and enhance cycle life[J]. Adv Energy Mater, 2016, 6(7): 1502214-1502223.

[161] Liu M, Zhou D, He Y B, et al. Novel gel polymer electrolyte for high-performance lithium-sulfur batteries[J]. Nano Energy, 2016(22): 278-289.

[162] Li X, Qian K, He Y B, et al. A dual-functional gel-polymer electrolyte for lithium ion batteries with superior rate and safety performances[J]. J Mater Chem A, 2017, 5(35): 18888-18895.

[163] Ma Y, Ma J, Chai J, et al. Two players make a formidable combination: in situ generated poly (acrylic anhydride-2-methyl-acrylic acid-2-oxirane-ethyl ester-methyl methacrylate) cross-linking gel polymer electrolyte toward 5 V high-voltage batteries[J]. ACS Appl Mater Inter, 2017, 9(47): 41462-41472.

[164] Duan H, Yin Y X, Shi Y, et al. Dendrite-free Li-metal battery enabled by a thin asymmetric solid electrolyte with engineered layers[J]. J Am Chem Soc, 2018, 140(1): 82-85.

[165] Liu J, Shen X, Zhou J, et al. Nonflammable and high-voltage-tolerated polymer electrolyte achieving high stability and safety in 4.9 V-class lithium metal battery[J]. ACS Appl Mater Inter, 2019, 11(48): 45048-45056.

[166] Zhang Y, Shi Y, Hu X C, et al. A 3D Lithium/carbon fiber anode with sustained electrolyte contact for solid-state batteries[J]. Adv Energy Mater, 2019, 10(3): 1903325-1903332.

[167] Cui Y, Liang X, Chai J, et al. High performance solid polymer electrolytes for

rechargeable batteries: a self-catalyzed strategy toward facile synthesis[J]. Adv Sci,2017,4(11): 1700174-1700181.

[168] Adams B D, Zheng J, Ren X, et al. Accurate determination of coulombic efficiency for lithium metal anodes and lithium metal batteries[J]. Adv Energy Mater,2018,8(7): 1702097-1702207.

[169] Lu Z, Yang L, Guo Y. Thermal behavior and decomposition kinetics of six electrolyte salts by thermal analysis[J]. J Power Sources, 2006, 156(2): 555-559.

[170] Liu K, Zhang Q, Thapaliya B P, et al. In situ polymerized succinonitrile-based solid polymer electrolytes for lithium ion batteries[J]. Solid State Ionics, 2020 (345): 115159-115166.

[171] Zhang S S. An unique lithium salt for the improved electrolyte of Li-ion battery [J]. Electrochem Commun,2006,8(9): 1423-1428.

[172] Alarco P J, Abu-Lebdeh Y, Abouimrane A, et al. The plastic-crystalline phase of succinonitrile as a universal matrix for solid-state ionic conductors[J]. Nat Mater,2004,3(7): 476-481.

[173] Reimers J N, Dahn J R. Electrochemical and in situ X-ray diffraction studies of lithium intercalation in Li_xCoO_2 [J]. J Electrochem Soc, 1992, 139(8): 2091-2097.

[174] Zhou Q, Ma J, Dong S, et al. Intermolecular chemistry in solid polymer electrolytes for high-energy-density lithium batteries[J]. Adv Mater, 2019, 31 (50): e1902029-e1902049.

[175] Deng T, Fan X, Cao L, et al. Designing in-situ-formed interphases enables highly reversible cobalt-free $LiNiO_2$ cathode for Li-ion and Li-metal batteries[J]. Joule, 2019(3): 2550-2564.

[176] Randau S, Weber D A, Kötz O, et al. Benchmarking the performance of all-solid-state lithium batteries[J]. Nat Energy,2020,5(3): 259-270.

[177] Chen J, Fan X, Li Q, et al. Electrolyte design for LiF-rich solid-electrolyte interfaces to enable high-performance microsized alloy anodes for batteries[J]. Nat Energy,2020,5(5): 386-397.

[178] Zheng Q, Yamada Y, Shang R, et al. A cyclic phosphate-based battery electrolyte for high voltage and safe operation[J]. Nat Energy,2020,5(4): 291-298.

[179] Jaumaux P, Liu Q, Zhou D, et al. Deep-eutectic-solvent-based self-healing polymer electrolyte for safe and long-life lithium-metal batteries[J]. Angew Chem Int Ed,2020,59(23): 9134-9142.

[180] Liu Q, Zhou D, Shanmukaraj D, et al. Self-healing Janus interfaces for high-performance LAGP-based lithium metal batteries[J]. ACS Energy Lett,2020, 5(5): 1456-1464.

[181] Porcarelli L, Shaplov A S, Bella F, et al. Single-ion conducting polymer electrolytes for lthium metal polymer batteries that operate at ambient temperature[J]. ACS Energy Lett, 2016, 1(4): 678-682.

[182] Diederichsen K M, Mcshane E J, Mccloskey B D. Promising routes to a high Li^+ transference number electrolyte for lithium ion batteries[J]. ACS Energy Lett, 2017, 2(11): 2563-2575.

[183] Bouchet R, Maria S, Meziane R, et al. Single-ion BAB triblock copolymers as highly efficient electrolytes for lithium-metal batteries[J]. Nat Mater, 2013(12): 452-457.

[184] Huo H, Wu B, Zhang T, et al. Anion-immobilized polymer electrolyte achieved by cationic metal-organic framework filler for dendrite-free solid-state batteries [J]. Energy Storage Mater, 2019(18): 59-67.

[185] Shin D M, Bachman J E, Taylor M K, et al. A single-ion conducting borate network polymer as a viable quasi-solid electrolyte for lithium metal batteries [J]. Adv Mater, 2020, 32(10): e1905771-e1905779.

[186] Li S, Zhang S Q, Shen L, et al. Progress and perspective of ceramic/polymer composite solid electrolytes for lithium batteries[J]. Adv Sci, 2020, 7(5): 1903088-1903109.

[187] Zheng Y, Yao Y, Ou J, et al. A review of composite solid-state electrolytes for lithium batteries: fundamentals, key materials and advanced structures[J]. Chem Soc Rev, 2020, 49(23): 8790-8839.

[188] Liu Q, Cai B, Li S, et al. Long-cycling and safe lithium metal batteries enabled by the synergetic strategy of ex situ anodic pretreatment and an in-built gel polymer electrolyte[J]. J Mater Chem A, 2020, 8(15): 7197-7204.

[189] Wang W P, Zhang J, Yin Y X, et al. A rational reconfiguration of electrolyte for high-energy and long-life lithium-chalcogen batteries[J]. Adv Mater, 2020, 32(23): e2000302-e2000312.

[190] Wang G, He P, Fan L Z. Asymmetric polymer electrolyte constructed by metal-organic framework for solid-state, dendrite-free lithium metal battery[J]. Adv Funct Mater, 2020, 31(3): 2007198-2007205.

[191] Liang J Y, Zeng X X, Zhang X D, et al. Engineering Janus interfaces of ceramic electrolyte via distinct functional polymers for stable high-voltage Li-metal batteries[J]. J Am Chem Soc, 2019, 141(23): 9165-9169.

[192] Li X, Qian K, He Y B, et al. A dual-functional gel-polymer electrolyte for lithium ion batteries with superior rate and safety performances[J]. J Mater Chem A, 2017, 5(35): 18888-18895.

[193] Huang S, Cui Z, Qiao L, et al. An in-situ polymerized solid polymer electrolyte enables excellent interfacial compatibility in lithium batteries[J]. Electrochim

Acta,2019(299):820-827.

[194] Zhao Q,Liu X,Zheng J,et al. Designing electrolytes with polymerlike glass-forming properties and fast ion transport at low temperatures[J]. PNAS,2020, 117(42):26053-26060.

[195] Han H B,Zhou S S,Zhang D J,et al. Lithium bis(fluorosulfonyl)imide (LiFSI) as conducting salt for nonaqueous liquid electrolytes for lithium-ion batteries: Physicochemical and electrochemical properties[J]. J Power Sources,2011, 196(7):3623-3632.

在学期间发表的学术论文与研究成果

发表的学术论文

[1] **Qi Liu**,Yizhou Wang,Xu Yang,Dong Zhou,Xianshu Wang,Pauline Jaumaux,Feiyu Kang,Baohua Li,Xiulei Ji,Guoxiu Wang. Rechargeable anion-shuttle batteries for low-cost energy storage[J]. **Chem**,2021,7(8):1993-2021.

[2] **Qi Liu**,Dong Zhou,Devaraj Shanmukaraj,Peng Li,Feiyu Kang,Baohua Li,Michel Armand,Guoxiu Wang. Self-healing interfacial modification on LAGP-based solid Li metal battery for high voltage cathode[J]. **ACS Energy Letters**,2020(5):1456-1464.

[3] **Qi Liu**,Qipeng Yu,Song Li,Shuwei Wang,LiHan Zhang,Biya Cai,Dong Zhou,Baohua Li. Safe LAGP-based all solid-state Li metal batteries with plastic super-conductive interlayer enabled by In-situ solidification[J]. **Energy Storage Materials**,2020(25):613-620.(ESI 高被引论文)

[4] Pauline Jaumaux,**Qi Liu**,Dong Zhou,Xiaofu Xu,Tianyi Wang,Yizhou Wang,Feiyu Kang,Baohua Li,Guoxiu Wang. Deep eutectic solvent-based self-healing polymer electrolyte for safe and long-life lithium-metal batteries[J]. **Angewandte ChemieInternational Edition**,2020,59(23):9134-9142.(VIP 论文,ESI 高被引论文)

[5] **Qi Liu**,Biya Cai,Song Li,Qipeng Yu,Fengzheng Lv,Feiyu Kang,Qiang Wang,Baohua Li. Long-cycling and safe lithium metal batteries enabled by the synergetic strategy of ex situ anodic pretreatment and an in-built gel polymer electrolyte[J]. **Journal of Materials Chemistry A**,2020(8):7197-7204.

[6] **Qi Liu**,Zhen Geng,Cuiping Han,Yongzhu Fu,Song Li,Yan-bing He,Feiyu Kang,Baohua Li. Challenges and perspectives of garnet solid electrolytes for all solid-state lithium batteries[J]. **Journal of Power Sources**,2018(389):120-134.(ESI 高被引论文)

[7] Xiaofu Xu,Kui Lin,Dong Zhou,**Qi Liu**,Xianying Qin,Shuwei Wang,Shun He,Feiyu Kang,Baohua Li,Guoxiu Wang. Quasi-solid-state dual-ion sodium metal batteries for low-cost energy storage[J]. **Chem**,2020,6(4):902-918.

[8] Song. Li,Shiqi. Zhang,Yan-bing He,**Qi Liu**,Jia-Bin Ma,Wei Lv,Yan-Bing He,

Quan-Hong Yang. Progress and perspective of ceramic/polymer composite solid electrolytes for lithium batteries[J]. **Advance Science**, 2020, 7(5): 1903088-1903109.

[9] Qipeng Yu, Weicong Mai, Weijiang Xue, Guiyin Xu, **Qi Liu**, Kun Zeng, Yuanming Liu, Feiyu Kang, Baohua Li, Ju Li. Sacrificial poly(propylene carbonate) membrane for dispersing nanoparticles and preparing artificial solid electrolyte interphase on li metal anode[J]. **ACS Applied Materials & Interfaces**, 2020, 12(24): 27087-27094.

[10] Qipeng Yu, Da Han, Qingwen Lu, Yan-bing He, Song Li, **Qi Liu**, Cuiping Han, Feiyu Kang, Baohua Li. Constructing effective interfaces for $Li_{1.5}Al_{0.5}Ge_{1.5}(PO_4)_3$ pellets to achieve room-temperature hybrid solid-state lithium metal batteries[J]. **ACS Applied Materials & Interfaces**, 2019(11): 9911-9918.

[11] Shuwei Wang, **Qi Liu**, Chenglong Zhao, Fengzheng Lv, Xianying Qin, Hongda Du, Feiyu Kang, Baohua Li. Advances in understanding materials for rechargeable lithium batteries by atomic force microscopy[J]. **Energy Environmental Materials**, 2018, 1(1): 28-40.

[12] Xianshu Wang, Weicong Mai, Xiongcong Guan, **Qi Liu**, Wenqiang Tu, Weishan Li, Feiyu Kang, and Baohua Li. Recent advances of electroplating additives enabling lithium metal anodes to applicable battery techniques[J]. **Energy Environmental Materials**, 2021(3): 284-292.

[13] Kun Zeng, Tong Li, Xianying Qin, Gemeng Liang, Lihan Zhang, **Qi Liu**, Baohua Li and Feiyu Kang. A combination of hierarchical pore and buffering layer construction for ultrastable nanocluster Si/SiO_x anode[J]. **Nano Research**, 2020(11): 2987-2993.

[14] 余启鹏, **刘琦**, 王自强, 李宝华. 全固态金属锂电池负极界面问题及解决策略[J]. 物理学报, 2020, 69(22): 22805-22823.

[15] Song Li, Xian-Shu Wang, Qi-Dong Li, **Qi Liu**, Pei-Ran Shi, Jing Yu, Wei Lv, Feiyu Kang, Yan-Bing He, Quan-Hong Yang. A multifunctional artificial protective layer producing an ultrastable lithium metal anode in a commercial carbonate electrolyte[J]. **Journal of Materials Chemistry A**, 2021(9): 7667-7674. (共同第一作者)

获 奖 情 况

2021.07 北京市优秀毕业生
2021.06 清华大学优秀博士学位论文/清华大学"启航奖学金-铜奖"
2021.05 清华大学深圳国际研究生院"学术新秀"
2020.12 博士研究生国家奖学金
2018.12 清华大学院综合优秀一等奖学金

致　　谢

　　青春由磨砺而出彩，人生因奋斗而升华。我站在毕业的尾巴上回头看，自己的学生生涯即将逼近尾声，内心既对曾经在实验室奋斗的那无数个夜晚怀念与感慨，又对即将扬帆启航迎接新的人生旅程憧憬向往。回首四年的博士生活，内心五味杂陈，却充满了感恩，想感谢的人太多太多，恩师、同窗、亲友、父母及家人，是你们各方面的帮助和关怀给了我无限的动力，使我进步，助我成长，也正因为有你们的陪伴，我的求学生涯才充实而多彩。

　　首先要感谢我的导师李宝华教授。从博士课题论文的选题、研究计划的制订、研究内容的落实及研究论文的撰写，李老师不仅为我提供了良好的科研学术氛围和设备齐全的科研环境，也给予了我悉心的指导与全方位的支持。李老师严谨的治学态度、求真务实的工作精神，以及平易近人的处事风范使我受益匪浅，尤其在为人处世方面更是令我受益终身。师恩难忘，在此向李老师致以最衷心的感谢和最诚挚的祝福！

　　特别感谢康飞宇教授和贺艳兵长聘副教授对我博士学位论文课题内容提出的悉心指导与宝贵建议，让我对科研有了更加全面而深入的认识。感谢澳大利亚悉尼科技大学汪国秀教授和周栋博士对我研究实验和科研论文撰写给予的指导与建议，让我在科研的道路上少走了很多弯路。感谢成会明院士对我博士课题研究工作和求职方面等给予的建议与帮助。

　　本论文得以顺利完成，还要感谢课题组杨全红教授、杨诚副教授、吕伟副教授、赵世玺副教授、温博华助理教授等老师对我博士课题给予的指导与帮助。感谢郑州大学付永柱教授、俄勒冈州立大学纪秀磊教授、西班牙 CIC Energigune 研究所 Michel Armand 教授等外单位老师在论文修改方面给予我的无私帮助。感谢课题组蔡比亚博士、韩翠平博士、秦显营博士、王贤树博士等博士后对我研究工作的热情协助与指导。感谢余启鹏、李松、王舒玮、周楷、章立寒、林遒、吴君茹、胡霞、俞家浩等同学与我在科研上的密切合作及生活上的互帮互助，使我总是可以用满激情与乐观的心态去迎接博士生涯中遇到的困难与挑战。

感谢父母及家人对我的理解与支持。

最后感谢国家自然科学基金(No. 51872157 和 No. 52072208)和深圳市自然科学基金(No. 20170428145209110)等项目对本研究提供的经费支持。